剪映短视频剪辑150例

(AI版+手机版+电脑版)

郝倩 / 编著

清华大学出版社
北京

内 容 简 介

剪映以其简单易用的界面和强大的功能,已经成为国内最常用的剪辑软件之一。本书通过热门有趣的 150 个短视频案例,详细讲解剪映 APP 和剪映专业版的使用方法和技巧,帮助读者成为视频剪辑高手。

全书共 2 篇 16 章,第 1~8 章为上篇,讲解了剪映 APP 的使用方法,其中第 1~7 章循序渐进地讲解素材剪辑、音频处理、字幕效果、转场和特效、视频画面合成、调色效果、AI 功能等内容,第 8 章为综合案例实战。第 9~16 章为下篇,讲解剪映专业版的使用方法,其中第 9~15 章分别讲解专业版的基础功能、调色技巧、关键帧、字幕、卡点、转点、影视特效等内容,第 16 章为专业版综合实战案例演练。

本书适合广大短视频、自媒体、新媒体,以及电商平台人员学习和使用,也可以作为高校相关专业的教材及辅导用书。

版权所有,侵权必究。举报:010-62782989,beiqinquan@tup.tsinghua.edu.cn。

图书在版编目 (CIP) 数据

剪映短视频剪辑 150 例:AI 版 + 手机版 + 电脑版 / 郝倩编著.

北京:清华大学出版社, 2025. 2. -- ISBN 978-7-302-68378-0

Ⅰ. TP317.53

中国国家版本馆 CIP 数据核字第 2025X2Q805 号

责任编辑:陈绿春
封面设计:潘国文
版式设计:方加青
责任校对:胡伟民
责任印制:宋 林

出版发行:清华大学出版社
网　　址:https://www.tup.com.cn, https://www.wqxuetang.com
地　　址:北京清华大学学研大厦 A 座　　　邮　编:100084
社 总 机:010-83470000　　　　　　　　　　邮　购:010-62786544
投稿与读者服务:010-62776969, c-service@tup.tsinghua.edu.cn
质 量 反 馈:010-62772015, zhiliang@tup.tsinghua.edu.cn
印 装 者:三河市龙大印装有限公司
经　　销:全国新华书店
开　　本:188mm×260mm　　印　张:13.5　　字　数:445 千字
版　　次:2025 年 4 月第 1 版　　印　次:2025 年 4 月第 1 次印刷
定　　价:89.00 元

产品编号:108396-01

前言
PREFACE

传统媒体时代，视频剪辑一直被认为是门槛较高的技术。这主要是因为当时不仅要求编辑者具备深厚的技术功底，还需要昂贵且专业的硬件设备，以及 Premiere、Final Cut Pro 等专业视频后期软件。随着短视频时代抖音平台的火爆，抖音的官方剪辑辅助软件——剪映应运而生。它不仅满足了用户对于视频编辑的多样化需求，还以其强大的功能和便捷的操作体验，进一步丰富了抖音生态的内容创作与分享。

为了帮助读者全面掌握剪映的使用方法，本书采用边学边练的案例教学方法引导读者一步步掌握剪映的各项功能，从基础剪辑到高级特效，从简单调色到复杂合成，让读者在动手操作中学习和进步，从而快速成为视频剪辑高手。

本书特色

8 大核心功能，快速成为剪映运用高手。本书深入剖析了剪映软件的 8 大核心功能，包含 11 个关键帧剪辑运用、10 种卡点玩法、6 种抠像技巧和 4 个蒙版剪辑技巧。从基础的视频剪辑、音频处理，到进阶的特效添加、字幕制作，再到高级的色彩校正、速度调节与转场效果，本书通过清晰明了的章节划分和详细实用的操作步骤，帮助您快速掌握每一项核心功能。

13 个 AI 应用，自动化剪辑更高效。随着 AI 技术的发展，从 2023 年开始剪映逐渐融入了众多 AI 前沿功能。为了方便用户更快捷地制作视频，本书将通过 13 个实例向读者介绍剪映 AI 功能的使用方法，旨在向读者深入展示剪映 AI 功能的运用。这些实例将引导读者如何在实际应用中充分利用剪映的智能特性，以期达到更高效、更创新的视频编辑效果。

25 个拓展练习，拓展思路深入学习更多技能。本书精心设计了 25 个富有挑战性与启发性的拓展练习，旨在帮助本书读者在掌握基础剪辑技巧后，进一步拓展思维边界，深入学习并实践更多高级剪辑技能。

150 个实操剪辑案例，全面掌握各类剪辑技法。全书包含 146 个剪辑关键技巧实例讲解，4 个综合实例讲解，从基础剪辑技巧到高级特效应用，全方位覆盖视频编辑的每一个关键环节。无论您是剪辑新手还是寻求技能提升的资深从业者，都能在这些实战案例中找到灵感与实用技巧，帮助您快速掌握并精通各类剪辑技法，让您的视频作品更加出彩。

170 多分钟视频教学，在家享受老师亲临指导。本书视频教学采用高清视频录制，结合书本文字讲解与视频实战演示，系统性地传授剪映剪辑的核心知识与技巧，确保每位读者都能获得全面而深入的学习体验。

内容框架

本书共 16 章，各章内容如下。

第 1 章　视频剪辑的基本操作：本章讲解剪映 APP 的基本操作，内容包括剪映手机版素材处理的 10 个常用功能、视频画面的基本调整、为视频设置背景画布等。

第 2 章　添加背景音乐与音效：本章讲解音频处理的各类操作及技巧，具体包括音乐素材库的应用、如何使用录音功能、音频的调整、变速、卡点音乐视频制作等。

第 3 章　制作短视频字幕：本章讲解短视频字幕的添加方法。从简单的字幕添加到文字动画效果制作，如综艺字幕、字幕跟踪、高级感字幕排版等。

第 4 章　制作视频转场和特效：本章讲解剪映 APP 各类视频转场的添加方法，包括技巧转场和无技巧转场，同时还通过 3 个实例，介绍简单特效的添加方法。

第 5 章　视频抠像与合成：本章讲解视频抠像和合成的方法。

第 6 章　视频后期调色：本章讲解剪映 APP 的调色功能，从基础颜色调整，到剪映自带的滤镜功能，以及美颜美体功能的使用。

第 7 章　使用 AI 辅助创作：本章通过 13 个精心挑选的 AI 功能实战案例，讲解如何高效地将这些智能工具应用于实际视频编辑中，提升视频制作效率。

第 8 章　短视频综合实例：本章通过汽水广告和旅游 Vlog 实战案例，综合演练剪映 APP 的各项功能。

第 9 章　掌握专业版剪辑的基础操作：本章讲解 10 个剪映专业版的基础操作，由于界面的差异，剪映专业版与手机 APP 在操作方式上存在一定的差别，需要读者灵活掌握。

第 10 章　使用剪映专业版调色：本章讲解剪映专业版调色功能的使用方法，包括基础调节、HSL 调色、曲线调节、色轮调色、LUT 导入调色等调色技术。

第 11 章　制作关键帧动画：关键帧在视频剪辑中扮演着至关重要的角色，它们是实现动画和动态效果的基础。本章讲解关键帧的 7 种应用方法，包括关键帧位置的应用、关键帧音量的应用、关键帧和蒙版结合应用等。通过这些方法，读者将能够掌握如何利用关键帧来丰富视频内容，创作出平滑而富有吸引力的视觉效果。

第 12 章　制作创意字幕效果：本章讲解热门创意字幕的制作效果，包括粒子文字消散效果、镂空文字切屏开场、发光歌词效果等。

第 13 章　制作创意卡点效果：本章通过 7 个卡点视频案例，详细讲解抖音常见卡点视频的制作方法，包括曲线变速、卡点宣传片视频、蒙版卡点视频等。

第 14 章　制作创意转场效果：本章通过 7 个转场视频制作案例，详细讲解剪映专业版转场的制作方法。

第 15 章　制作影视特效：本章通过 9 个影视特效制作案例，详细讲解武器特效、变身特效、变脸特效等特效的添加方法。

第 16 章　短视频综合实战：本章通过微电影预告片制作和城市宣传片制作，综合演练前面所学的剪映专业版相关知识。

软件版本

本书基于剪映 APP（14.5.0）和剪映专业版（电脑版）（6.3.0）编写而成，由于官方软件升级更新较为频繁，版本之间部分功能和内置素材会有些许差异，建议读者灵活对照自身所使用的版本进行变通学习。

配套资源及技术支持

本书的配套资源请扫描下面二维码进行下载，如果在下载过程中碰到问题，请联系陈老师（chenlch@tup.tsinghua.edu.cn），如果有技术性问题，请扫描下面的技术支持二维码，联系相关人员解决。

配套资源

技术支持

编者

2025 年 3 月

目录 CONTENTS

上篇　剪映手机版

▶ **第1章　视频剪辑的基本操作 / 2**

1.1 素材处理的10个常用技巧 / 2

例001　添加素材：制作文艺复古短片 / 2
例002　添加片头：为视频添加趣味片头 / 3
例003　分割素材：制作美食混剪视频 / 3
例004　调整顺序：制作夏日旅行短片 / 4
例005　替换素材：制作家庭纪念相册 / 6
例006　倒放视频：制作唯美花瓣特效 / 6
例007　定格画面：制作时光凝滞效果 / 7
例008　动画效果：制作晃动拉动效果 / 7
例009　视频变速：制作旋转慢动作的效果 / 8
例010　关键帧：模拟视频运镜效果 / 10
拓展练习1：对视频进行防抖降噪处理 / 11

1.2 视频画面的基本调整 / 12

例011　裁剪画面：将近景变特写 / 12
例012　旋转画面：制作旋转放大效果 / 13
例013　镜像效果：制作盗梦空间效果 / 14
例014　基础性调整：制作照片扩散效果 / 16
拓展练习2：横屏变竖屏 / 18

1.3 为视频设置背景画布 / 19

例015　画布颜色：为视频更换背景 / 19
例016　画布样式：为视频制作卡通背景 / 20
例017　画布模糊：制作动感模糊背景 / 20
例018　自定义画布：将手机照片设置为背景 / 21
拓展练习3：使用贴纸为视频添加水印 / 22

▶ **第2章　添加背景音乐与音效 / 23**

2.1 添加音频的6种方法 / 23

例019　剪映音乐库：为视频添加背景音乐 / 23
例020　抖音收藏：添加抖音热门音乐 / 24
例021　提取音乐：使用本地视频的音乐 / 25
例022　链接下载：使用热门视频同款音乐 / 26
例023　录制语音：为口播视频配音 / 27
例024　添加音效：为美食短片添加音效 / 27
拓展练习4：使用"文本朗读"功能为字幕配音 / 29

2.2 音频的处理方法 / 30

例025　音量调整：将人声和音乐调出层次感 / 30
例026　淡入淡出：制作音频渐变效果 / 31
例027　音频变速：制作搞笑短视频 / 32
例028　音频变声：制作机器人音效 / 34
例029　添加节拍点：制作音乐卡点视频 / 35
拓展练习5：制作抽帧卡点效果 / 37

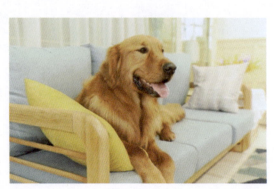

目录

▶ 第 3 章　制作短视频字幕 / 39

3.1　添加视频字幕 / 39

例 030　新建文本：为视频添加文案 / 39
例 031　文字模板：为视频添加标题 / 40
例 032　涂鸦笔：添加手绘风字幕 / 41
拓展练习 6：设置字幕字体和样式 / 42

3.2　批量添加字幕 / 43

例 033　识别字幕：为口播视频添加字幕 / 43
例 034　识别歌词：为视频添加歌词字幕 / 44
拓展练习 7：批量修改字幕 / 45

3.3　编辑视频字幕 / 46

例 035　花字效果：制作趣味综艺字幕 / 46
例 036　字幕动画：制作卡拉 OK 字幕 / 47
例 037　跟踪功能：制作字幕跟踪特效 / 48
拓展练习 8：简约高级感字幕排版 / 49

▶ 第 4 章　制作视频转场和特效 / 52

4.1　无技巧转场 / 52

例 038　特写转场：制作古风茶艺短片 / 52
例 039　空镜转场：制作旅拍 Vlog / 53
例 040　声音转场：制作美食宣传短片 / 53
拓展练习 9：主观镜头转场 / 54

4.2　有技巧转场 / 55

例 041　叠化转场：制作音乐 MV 视频 / 55
例 042　光效转场：制作唯美回忆效果 / 56
例 043　运镜转场：制作动感健身视频 / 56
拓展练习 10：一键在所有片段之间添加转场
　　　　　　效果 / 58

4.3　为视频添加特效 / 58

例 044　画面特效：制作雪景特效 / 58
例 045　人物特效：制作大头特效 / 59
例 046　图片玩法：制作时空穿越效果 / 60
拓展练习 11：使用"抖音玩法"制作丝滑变速
　　　　　　效果 / 61

▶ 第 5 章　视频抠像与合成 / 64

5.1　视频合成 / 64

例 047　画中画：制作多屏显示效果 / 64
例 048　蒙版：制作天空翻转效果 / 66
例 049　混合模式：制作水墨古风视频 / 68
拓展练习 12：制作笔刷效果开场 / 69

5.2　视频抠像 / 70

例 050　智能抠像：制作漫画人物出场效果 / 70
例 051　自定义抠像：制作新闻播报效果 / 72
例 052　色度抠图：制作绿幕合成效果 / 74
拓展练习 13：使用 HSL 功能辅助抠图 / 75

▶ 第 6 章　视频后期调色 / 77

6.1　调节功能 / 77

例 053　基础参数：夕阳调色 / 77
例 054　HSL 调节：灰片效果 / 78
例 055　曲线调节：天空调色 / 79

6.2 添加滤镜 / 80

例 056　单个滤镜：复古街道 / 80
拓展练习 14：使用"智能调色"功能 / 80
例 057　多层滤镜：美食调色 / 81
拓展练习 15：结合关键帧制作渐变色效果 / 83

6.3 美颜美体 / 84

例 058　美颜效果：为人物磨皮美白 / 84
例 059　美型效果：为人物瘦脸 / 86
例 060　美妆效果：调整人物妆容 / 88
例 061　智能美体：修饰人物身形 / 89
例 062　手动美体：为人物瘦身瘦腿 / 91
拓展练习 16：为视频中的人物进行美颜瘦身处理 / 92

▶ 第 7 章　使用 AI 辅助创作 / 95

7.1 剪映的 AI 创作功能 / 95

例 063　智能匹配素材：巧用 AI 匹配美食素材 / 95
例 064　AI 作图：根据文案描述生成梦幻庄园 / 96
例 065　AI 商品图：导入图片智能生成商品背景 / 97

例 066　AI 特效：实现现实世界与二次元的转换 / 98
例 067　智能文案：使用 AI 创作产品文案 / 99
例 068　营销成片：根据产品描述词直接生成广告视频 / 100
例 069　数字人：制作数字人口播视频 / 100
拓展练习 17：使用"图文成片"功能制作生日祝福视频 / 102

7.2 剪映的智能创作功能 / 103

例 070　一键成片：导入素材自动生成混剪视频 / 103
例 071　拍摄：巧用滤镜将美食拍出诱人色泽 / 104
例 072　超清画质：昏暗视频也能变得明亮又通透 / 104
例 073　智能抠图：一键抠除背景制作好看的商品图 / 105
例 074　超清图片：一键拯救灰蒙蒙看不清的老照片 / 106
例 075　剪同款：使用模板制作抖音热门短视频 / 107
拓展练习 18：使用剪映的"拍同款"功能拍摄美食视频 / 108

▶ 第 8 章　短视频综合实例 / 109

8.1 汽水广告视频 / 109

例 076　制作片头 / 109
例 077　剪辑视频 / 114
例 078　视频调色 / 115
例 079　制作动画 / 116
例 080　制作字幕 / 117

8.2 假期出游 Vlog / 118

例 081　制作片头和添加背景音乐 / 118
例 082　剪辑视频 / 121
例 083　制作转场和动画效果 / 123
例 084　添加字幕 / 124
例 085　视频调色 / 125

下篇　剪映专业版（电脑版）

▶ 第 9 章　掌握专业版（电脑版）剪辑的基础操作 / 129

例 086　添加素材：制作智慧家居广告 / 129
例 087　音频编辑：制作倒计时回声效果 / 130
例 088　入点出点：制作时尚活动快剪 / 131
例 089　分割素材：制作萌宠日常 Vlog / 131
例 090　向左 / 右裁剪：制作毕业纪念短片 / 133
例 091　复制粘贴：制作水果店铺广告 / 135
例 092　画面调整：制作抖音竖版视频 / 136
例 093　应用模板：制作浪漫婚礼实录 / 137
例 094　智能镜头分割：房地产宣传片 / 138
例 095　画中画：制作四分屏开场片头 / 139
拓展练习 19：将 Premiere 的剪辑项目导入剪映专业版 / 140

▶ 第 10 章　使用剪映专业版（电脑版）调色 / 141

例 096　基础调节：森系花朵调色 / 141
例 097　HSL 基础：小清新人像调色 / 142
例 098　曲线调节：港风街景调色 / 143
例 099　一级色轮：油画质感草原调色 / 144

例 100　Log 色轮：高级灰调建筑调色 / 145
例 101　应用 LUT：清冷古风人像调色 / 146
例 102　添加滤镜：赛博朋克夜景调色 / 147
例 103　色卡调色：克莱因蓝调海景调色 / 148
例 104　蒙版调色：青橙天空调色 / 149
拓展练习 20：制作调色对比视频 / 150

▶ 第 11 章　制作关键帧动画 / 152

例 105　位置：制作旅游拼贴动画 / 152
例 106　缩放：制作视频轮播效果 / 154
例 107　旋转：制作旋转开场效果 / 155
例 108　不透明度：制作人物若隐若现效果 / 156
例 109　音量变化：制作声音由远及近效果 / 157
例 110　蒙版移动：制作蒙版抽线效果 / 158
例 111　颜色变化：制作渐变樱花粉特效 / 160
拓展练习 21：制作照片墙扩散开场效果 / 161

▶ 第 12 章　制作创意字幕效果 / 162

例 112　粒子文字：制作粒子文字消散效果 / 162
例 113　镂空字幕：制作镂空文字切屏开场 / 163
例 114　发光字幕：制作发光晃动歌词效果 / 164
例 115　滚动字幕：制作电影感滚动字幕片尾 / 165
例 116　手写字幕：制作手写字开场片头 / 166
例 117　弹幕文字：制作影视弹幕滚动特效 / 167
例 118　打字机效果：制作创意搜索框片头 / 168

拓展练习22：制作综艺中人物被吐槽文字砸中
　　　　　的效果 / 169

▶ 第13章　制作创意卡点效果 / 171

例 119　曲线变速：制作舞蹈变速卡点
　　　　视频 / 171
例 120　快闪视频：制作企业宣传片 / 172
例 121　亮屏效果：制作视频画面逐一变亮
　　　　效果 / 174
例 122　歌词排版：制作动态歌词排版
　　　　视频 / 175
例 123　蒙版卡点：制作分屏卡点效果 / 177
例 124　创意九宫格：制作朋友圈官宣
　　　　视频 / 179
例 125　柔光变速：制作氛围感柔光慢动作
　　　　效果 / 181
拓展练习23：制作卡点定格拍照效果 / 182

▶ 第14章　制作创意转场特效 / 183

例 126　动画转场：制作时尚女包广告 / 183
例 127　抠像转场：制作旅拍打卡视频 / 184
例 128　遮挡转场：制作潮流服饰广告 / 186
例 129　无缝转场：制作电影感旅行大片 / 186
例 130　瞳孔转场：制作人物瞳孔穿越
　　　　效果 / 186

例 131　裂缝转场：制作时空裂缝特效 / 187
例 132　文字穿越转场：制作汽车广告
　　　　视频 / 188
拓展练习24：使用叠加素材让转场效果更
　　　　　自然 / 188

▶ 第15章　制作影视特效 / 189

例 133　武器特效：制作武侠片的剑气
　　　　特效 / 189
例 134　功夫特效：制作轻功水上漂特效 / 189
例 135　变身特效：制作变身神龙特效 / 190
例 136　飞天特效：制作腾云飞行特效 / 191
例 137　粒子特效：制作人物粒子消散
　　　　特效 / 192
例 138　分身特效：制作人物分身特效 / 192
例 139　换脸特效：制作人物变脸特效 / 193
例 140　文字特效：制作金色粒子字幕
　　　　特效 / 193
拓展练习25：制作灵魂出窍特效 / 194

▶ 第16章　短视频综合实战 / 195

16.1　制作微电影预告片 / 195

例 141　制作片头 / 195
例 142　剪辑视频 / 196
例 143　视频调色 / 197
例 144　制作字幕 / 199
例 145　制作动画 / 200

16.2　制作城市宣传片 / 201

例 146　制作片头 / 201
例 147　制作动画和转场效果 / 202
例 148　视频调色 / 203
例 149　添加字幕 / 204
例 150　添加音乐 / 205

上篇 | 剪映手机版

01»

第1章　视频剪辑的基本操作

视频的剪辑实际上就是对视频素材进行加工和完善，使它们变成一部完整的视频作品。本章讲解剪映手机版的基本操作，包括素材的处理技巧、视频画面的调整及视频背景画布的设置等，为后续的学习奠定良好的基础。

1.1 素材处理的 10 个常用技巧

素材处理是视频编辑的核心环节之一，直接影响着最终作品的呈现效果。在剪映 APP 中，有许多常用的素材处理技巧，能够让视频更加生动有趣。本节介绍 10 个常用技巧实例，包括添加素材、素材库的应用、分割和调整素材顺序等。

例 001 添加素材：制作文艺复古短片

视频剪辑的第一步是添加素材。本案例将制作文艺复古短片，通过实例的方式帮助读者掌握在剪映中添加素材的方法，下面介绍具体的操作，效果如图 1-1 所示。

图 1-1

图 1-2

图 1-3

图 1-4

步骤 01 打开剪映 APP，首先映入眼帘的是默认剪辑界面，也是剪映 APP 的剪辑主界面，如图 1-2 所示，在主界面点击"开始创作"按钮⊞，进入素材添加界面。

步骤 02 勾选"照片视频"选项，根据图 1-3 所示顺序，选择本实例"文艺复古短片"相应的 7 个素材，再点击右下方"添加"按钮。

步骤 03 点击"添加"按钮后，即可进入视频编辑界面，如图 1-4 所示，该界面由三部分组成，分别为预览区、时间轴和工具栏。

步骤 04 完成以上操作后，即可点击界面右上角的"导出"按钮，将视频保存至相册。

> **提示**
>
> 1. 在选择素材时，点击素材缩览图右上角的圆圈可以选中目标，若直接点击素材缩览图，则可以展开素材进行全屏预览。

第 1 章 | 视频剪辑的基本操作

2.进入素材选取界面，该界面有3种素材选取方式，"照片视频"为本地视频和照片素材；"剪映云"为剪映的云空间存储素材，将素材上传至剪映云，可以多台设备登录同一个账号剪辑一条视频；"素材库"里面有剪映APP的自带素材。

点击上方选项栏中的"片头"选项，勾选所需片头素材，如图1-7所示，再点击右下角"添加"按钮，自动将片头素材添加至视频编辑页面中时间轴主轨道中。

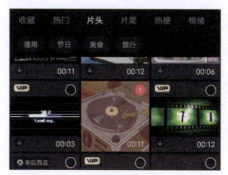

图1-7

例002 添加片头：为视频添加趣味片头

一个好的片头是吸引观众的重要一步。本案例将使用"素材库"功能为短视频制作一个趣味片头，通过实例的方式告诉读者如何使用"素材库"找到相应的素材，让视频剪辑变得更加便利。下面介绍具体操作，效果如图1-5所示。

图1-5

步骤01 打开剪映APP，在主界面点击"开始创作"按钮+，进入素材添加界面。

步骤02 在素材添加界面选择"效果视频.mp4"素材，点击右下方"添加"按钮，进入视频剪辑界面，为了让视频看起来更加完整，我们可以通过使用剪映的"素材库"给视频添加一个有趣的片头。将时间线移动至时间轴的开始，再点击与时间轴同一排位于手机屏幕最右侧的"添加"按钮+，如图1-6所示。

图1-6

步骤03 点击"添加"按钮+后，进入"素材库"界面，

> **提示**
> 为了更精确地找到片头素材，可以点击"素材库"界面的搜索框。可以在搜索框里输入文字"XX片头"，并点击"搜索"按钮，进入"XX片头"界面，找到需要的素材，点击"添加"按钮，即可将素材加入时间轴的开始区域，如图1-8所示。

图1-8

步骤04 完成以上操作后，点击界面右上角的"导出"按钮，即可将视频保存至相册。

> **提示**
> 可以通过同样的方法为视频结尾添加一个片尾。一般情况下，通过点击"开始创作"按钮+添加的素材，会有序地排列在同一轨道上。若需要将素材添加至新的轨道，可以通过"画中画"功能来实现。且当同一时间点添加多个素材至不同轨道时，由于轨道显示区域有限，素材会以气泡或彩色线条的形式出现在轨道区域。

例003 分割素材：制作美食混剪视频

分割素材是剪辑中最基础且不可缺少的步骤之一，分割功能可以帮助我们精确控制视频内容的呈现，使剪辑更加灵活、高效，实现更具节奏感和观赏性的成片效果。本案例将制作一条美食混剪短片,通过实训的方式帮助读者掌握在时间轴中分割素材的方法,制作出引人入胜的美食混剪视频。下面介绍具体的操作,效果如图1-9所示。

图 1-9

步骤01 打开剪映APP,在主界面点击"开始创作"按钮+,进入素材添加界面,在素材添加界面按顺序添加7段美食素材视频。进入视频编辑界面,选中"美食01.mp4"素材,向左拉动时间轴,将时间线移动至00:02左右的位置,如图1-10所示,点击下方工具栏"分割"按钮II。选中分割后的右边视频素材,点击下方工具栏"删除"按钮□,将多余的素材删除,如图1-11所示。

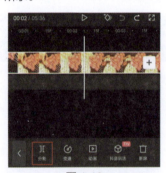

图 1-10

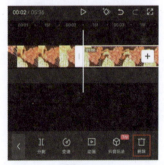

图 1-11

步骤02 再选中"美食02.mp4"素材,根据上述步骤拖动时间轴,选取好需要的片段,将时间线移动至00:04左右的位置,点击工具栏的"分割"按钮II,分割需要的片段后,点击工具栏的"删除"按钮□,将多余的片段删除,如图1-12所示。

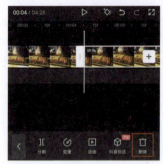

图 1-12

步骤03 剩下的素材重复上述步骤,拖动时间轴,选取好需要的片段,在需要进行分割的区域,将时间线对齐时间刻度,点击工具栏的"分割"按钮II,分割需要的片段后,点击工具栏的"删除"按钮□,将多余的片段删除。所有素材分割后留下的时长如表1-1所示。

表 1-1

素材	画面描述	时长
美食 01.mp4	将烤肉放下	1.7s
美食 02.mp4	撒调料	1.5s
美食 03.mp4	切开茄子	3.3s
	为茄子刷酱料	2.0s
美食 04.mp4	为小龙虾倒啤酒	2.9s
美食 05.mp4	嗦螺展示	0.7s
美食 06.mp4	炖煮五花肉	1.1s
美食 07.mp4	羊肉冒热气	1.5s

步骤04 完成所有操作后,即可点击界面右上角的"导出"按钮,将视频保存至相册。

> 提示
> 可在素材库找到一个"片尾"素材,为视频添加一个末尾,让视频看起来更加完整。

例 004 调整顺序:制作夏日旅行短片

剪辑中调整素材顺序是基础方法,能优化剪辑时间。通过调整顺序,能重新组织故事,优化节奏,增加视频的连续性和观赏性。本案例将制作夏日旅行短片,通过实操告诉读者如何调整顺序,帮助读者轻松连接画面,制作清新欢快的视频。下面介绍具体

扫描看视频

的操作，效果如图 1-13 所示。

图 1-13

步骤01 打开剪映 APP，在主界面点击"开始创作"按钮[+]，进入素材添加界面，在素材添加界面依次选择相应旅行素材视频，执行操作后，点击"添加"按钮。

步骤02 进入视频编辑面，为了有更好的效果，长按"夏日旅行 02.mp4"素材并将其拖动，如图 1-14 所示，拖动至"夏日旅行 01"素材的前面，也就是时间轴的最前面，如图 1-15 和图 1-16 所示。

图 1-16

步骤03 为了达到更好的效果，需要将偏长的视频片段裁切，需要我们使用实例 03 的分割素材的方法进行截取。选择"夏日旅行 02.mp4"素材，用分割素材的方法截取 3.7s 的素材视频即可，如图 1-17 所示。

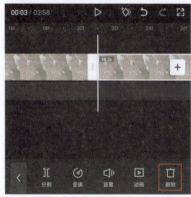

图 1-17

步骤04 后面的素材将采取同样的调整顺序方法和分割视频方法对视频进行剪辑练习。剪辑顺序和时长具体设置如表 1-2 所示，排序为素材放置顺序。

表 1-2

素材顺序	画面描述	时长
夏日旅行 02.mp4	海水航拍	3.7s
夏日旅行 01.mp4	海边航拍	2.6s
夏日旅行 03.mp4	海边岩石	2.8s
夏日旅行 04.mp4	海边的鸟	2.5s
夏日旅行 06.mp4	女生看海背影	1.7s
夏日旅行 05.mp4	海边玩水脚部特写	3.0s
夏日旅行 07.mp4	女生海边奔跑	3.3s

图 1-14

图 1-15

步骤 05 完成上述步骤后，即可点击右上角"导出"按钮，将视频保存至相册。

例 005 替换素材：制作家庭纪念相册

剪映素材替换功能允许用户直接替换选定片段，省去重新导入剪辑的烦琐。此功能提升剪辑效率，简化编辑流程，快速调整视频内容，节省时间。本案例制作家庭纪念相册视频，使用剪映"模板"功能，导入个人素材制作视频。下面介绍具体操作，效果如图 1-18 所示。

图 1-18

步骤 01 打开剪映 APP，在主界面点击"开始创作"按钮，进入素材添加界面，点击工具栏中"照片"按钮，选择图片"素材 01.jpg"，执行操作后，点击右下方"添加"按钮。

步骤 02 进入剪辑界面，选中时间轴中的"素材 01.jpg"，点击"分割"按钮，将 3s 的"素材 01.jpg"分割为 2.3s，如图 1-19 所示。分割好"素材 01.jpg"后，删除多余的部分，再选中"素材 01.jpg"，在下方工具栏中找到"复制"按钮，因为我们需要用到的素材照片有 5 张，所以需要点击 4 次"复制"按钮，如图 1-20 所示，这样就能得到 5 张时间一模一样的"素材 01.jpg"。再选中复制好的第二段素材，找到下方工具栏的"替换"按钮并点击，如图 1-21 所示。

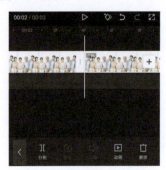

图 1-19

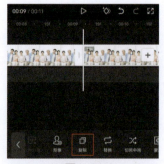

图 1-20

图 1-21

步骤 03 点击"替换"按钮后，进入素材添加"照片"界面，点击第二张我们需要的素材图片，如图 1-22 所示，会跳转至视频剪辑界面。

图 1-22

步骤 04 用同样的方法将后面的素材依次导入，完成上述步骤后，可点击右上角"导出"按钮，将视频保存至相册。

例 006 倒放视频：制作唯美花瓣特效

剪映的倒放功能可将视频片段倒序播放，增强视频趣味性，常用于制作反转、悬念或展示复杂动作逆向过程。本案例将制作唯美花瓣特效视频，使用剪映

"倒放"功能，介绍如何将视频倒放，使视频更有趣。下面介绍具体操作，效果如图 1-23 所示。

图 1-23

步骤01 打开剪映 APP，在主界面点击"开始创作"按钮+，进入素材添加界面，选择"素材.mp4"，点击"导入"按钮，进入剪辑界面。

步骤02 原素材视频"素材.mp4"是一段女孩将花瓣吹散的效果视频，为了制作花瓣收拢的效果，需要选中"素材.mp4"后，在下方工具栏找到"倒放"按钮⟲并点击，如图 1-24 所示。

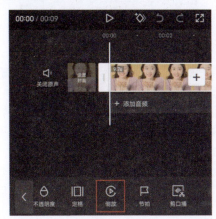

图 1-24

步骤03 点击"倒放"按钮⟲后，素材视频将开始倒放。倒放完成后，视频花瓣收拢的效果完成，点击右上角"导出"按钮，将视频保存至相册。

例 007 定格画面：制作时光凝滞效果

定格功能可将视频帧静止显示特定时长，辅助剪辑突出重要时刻、增强戏剧效果、强调关键动作、展示精彩瞬间，还可添加阐释文字和特殊效果。本案例将使用剪映"定格"效果制作时光凝滞效果视频，丰富视频趣味性。下面介绍具体操作，效果如图 1-25 所示。

图 1-25

步骤01 打开剪映 APP，在主界面点击"开始创作"按钮+，进入素材添加界面，选择"素材.mp4"，点击"导入"按钮，进入剪辑界面。将时间线对准时间刻度 00:07 的位置，选中"素材.mp4"，点击下方工具栏"定格"按钮⧉，如图 1-26 所示。

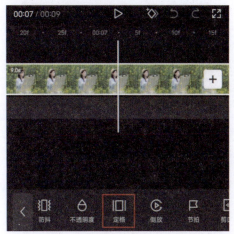

图 1-26

步骤02 点击"定格"按钮后会得到一张与第一段素材视频结尾相同的静态图片，将末尾多余的视频删除。选中定格部分，将时间线对准时间刻度 00:09 的位置，使用"分割"功能，将多余的素材删除。

例 008 动画效果：制作晃动拉动效果

在视频剪辑中，制作动画效果可增强视觉冲击力，包括动态过渡、视觉特效和逐帧动画，使视频更生动、吸引人。动画效果还能提升叙事连贯性和节奏感。剪映提供丰富的动画效果库，快速实现动画效果。本案例将展示如何使用剪映"动画"功能制作晃动拉动效果，让视频更灵动。下面介绍具体操作，效果如图 1-27 所示。

图 1-27

步骤01 打开剪映 APP，在主界面点击"开始创作"按钮，进入素材添加界面，勾选相应素材，点击右下方"导入"按钮，进入视频编辑界面。选中"晃动 01.mp4"素材，在下方工具栏中找到"动画"按钮并点击，如图 1-28 所示，动画功能分为"入场动画""出场动画"和"组合动画"，如图 1-29 所示。

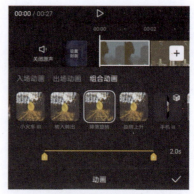

图 1-30

图 1-31

步骤03 剩下的素材都使用相同的方法，为视频添加动画效果。"晃动 03.mp4"素材选择动画"形变缩小"、"晃动 04.mp4"素材选择动画"降落旋转"、"晃动 05.mp4"素材选择动画"旋转缩小""晃动 06.mp4"素材选择动画"缩小旋转""晃动 07.mp4"素材选择动画"旋转降落"。

步骤04 动画效果添加完成后，可点击右上角"导出"按钮。

> **提示**
>
> 本实例旨在告诉读者如何使用剪映"动画"功能，直接添加动画效果。动画效果有很多，读者可以根据自己的需求进行视频剪辑。

图 1-28

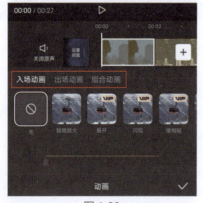

图 1-29

步骤02 点击"组合动画"按钮，在组合按钮里找到"降落旋转"动画并选择，如图 1-30 所示。用同样的方法为"晃动 02.mp4"素材添加动画效果。为了使素材前后有连贯性，可以选择组合动画效果"旋转降落"，如图 1-31 所示。

例 009 视频变速：制作旋转慢动作的效果

在剪辑中，通过改变视频速度，可以创作出独特的视频片段和节奏感。本案例将制作一段旋转慢动作效果视频，使用剪映"变速"功能制作出速度变化效果，让视频变得更加动感。下面介绍具体操作，效果如图 1-32 所示。

第 1 章 视频剪辑的基本操作

图 1-32

步骤01 打开剪映 APP，在主界面点击"开始创作"按钮+，进入素材添加界面，选择相应的城市素材"城市 01.mp4"，点击"添加"按钮后，进入视频剪辑界面。选中"城市 01.mp4"素材，对其进行分割裁剪，保留时长为 2.3s 左右，然后点击下方工具栏中的"变速"按钮，如图 1-33 所示。点击"曲线变速"按钮，如图 1-34 所示。

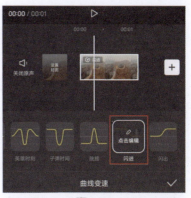

图 1-35

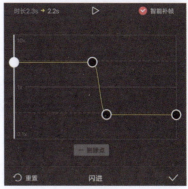

图 1-36

步骤03 完成上述步骤后，继续选择"城市 01.mp4"素材，根据实例 08 所学习的操作，在工具栏点击"动画"按钮，点击"组合动画"按钮，选择"缩放"动画。接着，根据实例 05 学习到的"替换素材"功能，选择"城市 01.mp4"素材，在下方工具栏中找到"复制"按钮，将"城市 01.mp4"素材复制 5 次，如图 1-37 所示。复制完成后，选择第二段素材，并点击下方工具栏中"替换"按钮，如图 1-38 所示，在素材添加界面选择"城市 02.mp4"素材。重复上述操作，将后面的素材依次替换至时间轴。

图 1-33

图 1-34

步骤02 进入曲线变速选项栏，点击选项栏中的"闪进"按钮，再点击"点击编辑"按钮，如图 1-35 所示。进入"闪进"变速编辑框，移动点的位置，保留视频时长为 2.2s，具体设置如图 1-36 所示，接着选中"智能补帧"单选按钮，即可保存闪进变速设置。

图 1-37

9

图 1-38

步骤 04 完成上述操作后即可点击右上方"导出"按钮,将视频保存。

例 010 关键帧:模拟视频运镜效果

关键帧是视频剪辑的基础,常用于各种编辑场景。它能精确控制动画和效果的细节,实现平滑过渡和动态变化。在剪辑中,关键帧能控制元素的移动、缩放、旋转、不透明度等,创造复杂流畅的动画。本案例将用关键帧功能将静态图片转为动态视频,模拟视频运镜效果。下面介绍具体操作,效果如图 1-39 所示。

图 1-39

步骤 01 打开剪映 APP,在主界面点击"开始创作"按钮,进入素材添加界面,点击上方工具栏"照片"按钮,在"照片"中选择"素材.jpg",点击右下方"导入"按钮,进入剪辑界面。

步骤 02 选中"素材.jpg",默认时长为 3s,按住时间轴素材末尾白色块将其拉长至 13s,如图 1-40 所示。

步骤 03 在"素材.jpg"最开始的位置点击"关键帧"按钮,为视频开头添加一个关键帧,如图 1-41 所示。预览区用两只手指把图片放大,一只手指按住预览区中的图片向右上方移动,图片将显示左下方画面,如图 1-42 所示。

图 1-40

图 1-41

图 1-42

步骤 04 移动时间线至 3s 的位置,将图片移动至中间偏上的位置,因为预览区图片位置的变动,这个位置会自动添加关键帧,如图 1-43 所示。移动至 6s 的位置,往左上方移动图片,预览区将显示右下方画面,这个位置同样会自动添加关键帧,如图 1-44

第 1 章 | 视频剪辑的基本操作

所示。继续移动至 9s 的位置，将预览区的图片向左下方移动，将显示右上方画面，关键帧会自动添加，如图 1-45 所示。最后移动至 12s 的位置，把图片缩小，恢复至原来的画面大小，关键帧自动添加，如图 1-46 所示。

图 1-46

图 1-43

步骤 05 静止的图片动了起来，画面发生了变化。完成上述操作后即可点击右上方"导出"按钮，视频即完成。

▶▶ **拓展练习 1：对视频进行防抖降噪处理**

剪映的防抖功能减少手持拍摄或运动时的画面抖动，使视频更稳定。降噪功能降低背景噪声，提升音频清晰度。两者改善视频视听效果，提升观众体验，使作品更专业。本次练习介绍视频防抖降噪处理，效果如图 1-47 所示，下面介绍具体操作。

图 1-44

图 1-47

步骤 01 打开剪映 APP，在主界面点击"开始创作"按钮[+]，进入素材添加界面，选择"素材.mp4"，点击右下方"导入"按钮，进入剪辑界面。

步骤 02 选中时间轴中的"素材.mp4"，在下方工具栏中点击"防抖"按钮，如图 1-48 所示。进入防抖选项框，选择"推荐"选项，如图 1-49 所示。

步骤 03 继续选中"素材.mp4"，点击工具栏中"音频降噪"按钮，即可达成降噪效果，如图 1-50 所示。进入降噪编辑界面，点击"降噪开关"按钮，再点击右下角"确认"按钮，保存设置，如图 1-51 所示。

图 1-45

11

图 1-48

图 1-49

图 1-50

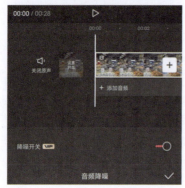

图 1-51

步骤04 完成上述操作后,即可点击"导出"按钮,将视频保存至相册。

1.2 视频画面的基本调整

例 011 裁剪画面:将近景变特写

扫描看视频

裁剪画面功能可精准调整画面位置和大小,去除多余部分,聚焦关键内容或改变宽高比。此功能优化构图,提升视觉效果,去除杂乱元素,使视频更简洁专业。本案例制作近景变特写视频,教读者使用"裁剪画面"功能。下面介绍具体操作,效果如图 1-52 所示。

图 1-52

步骤01 打开剪映 APP,在主界面点击"开始创作"按钮➕,进入素材添加界面,选择"素材 .mp4",点击右下方"导入"按钮,进入剪辑界面。

步骤02 选中"素材 .mp4",将时间线移至 00:06 的位置,点击"分割"按钮Ⅱ,如图 1-53 所示。

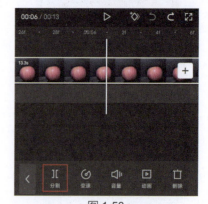

图 1-53

步骤03 分割完成后,点击"编辑"按钮,如图 1-54 所示。编辑选项中包括"旋转""镜像""调整大小",如图 1-55 所示,点击"调整大小"按钮。

第 1 章 | 视频剪辑的基本操作

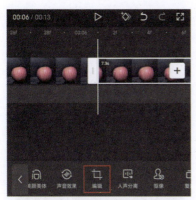

图 1-54

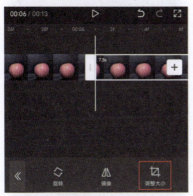

图 1-55

步骤04 进入裁剪界面，分为自由裁剪和固定比例裁剪，自由裁剪可以随意调整裁剪框，固定裁剪则是根据比例大小进行裁剪，还可以调整画面角度，由于视频剪辑界面预览区比例为 16∶9，为了让画面前后更加连贯，选择固定比例 16∶9 裁剪画面，用双指将画面放大至图 1-56 所示。

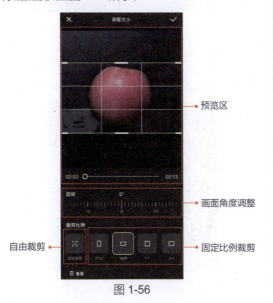

图 1-56

步骤05 确认后进入剪辑界面，画面则变为特写画面。

步骤06 完成上述操作后即可点击右上角"导出"按钮，将视频保存至相册。

例 012 旋转画面：制作旋转放大效果

旋转功能可以纠正拍摄时的倾斜，调整视频的方向，或者为创意效果进行特定角度的旋转。本案例将制作旋转放大的城市视频，让读者学会如何使用剪映的"旋转"功能。下面介绍具体操作，效果如图 1-57 所示。

图 1-57

步骤01 打开剪映 APP，在主界面点击"开始创作"按钮➕，进入素材添加界面，选择"素材.mp4"，点击右下方"导入"按钮，进入剪辑界面。

步骤02 选中"素材.mp4"，点击"分割"按钮⌇，保留视频素材为 7s，将剩余视频删除，如图 1-58 所示。选中"素材.mp4"，在开头添加一个关键帧，如图 1-59 所示。

步骤03 在"素材.mp4"6s 处，双指点击预览区画面旋转 –25°并放大，如图 1-60 和图 1-61 所示，关键帧会自动添加。

步骤04 完成上述操作后即可点击"导出"按钮，将视频保存至相册。

图 1-58

图 1-59

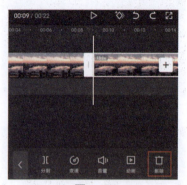

图 1-63

步骤 01 打开剪映 APP，在主界面点击"开始创作"按钮，进入素材添加界面，选择"素材 .mp4"，点击右下方"导入"按钮，进入剪辑界面。点击"分割"按钮，将原有的 22s 视频素材，保留 9s 视频素材，如图 1-63 所示。

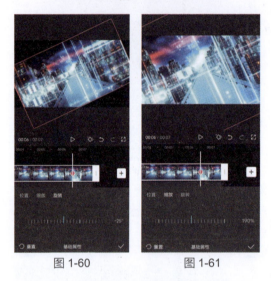

图 1-60　　　图 1-61

步骤 02 选中分割后的"素材 .mp4"，点击工具栏中的"复制"按钮，然后选中复制后的"素材 .mp4"，点击"切画中画"按钮，将复制的"素材 .mp4"与原"素材 .mp4"对齐，如图 1-64 所示。

图 1-64

例 013　镜像效果：制作盗梦空间效果

扫描看视频

镜像功能可以在剪辑时将素材画面水平或垂直反转。通过使用镜像效果，可以创造多种对称的视觉效果，例如赛博朋克艺术作品中常用的天地镜像效果。本实例将制作一个天地镜像的盗梦空间视频，旨在告诉读者如何使用剪映的"镜像"功能。下面介绍具体操作，效果如图 1-62 所示。

步骤 03 选中下方复制的"素材 .mp4"，点击工具栏中的"编辑"按钮，如图 1-65 所示。编辑选项框包括"旋转""镜像""调整大小"，如图 1-66 所示。

图 1-62

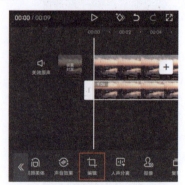

图 1-65

14

第 1 章 视频剪辑的基本操作

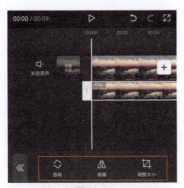

图 1-66

步骤 04 先点击"镜像"按钮△，再点击两次"旋转"按钮◇，这样复制的"素材 .mp4"就会与原"素材 .mp4"镜像倒转，如图 1-67 所示。

图 1-67

步骤 05 镜像倒转完成后，再点击编辑框中的"调整大小"按钮⊡，将画面中的部分云层部分裁剪掉，如图 1-68 所示。裁剪完成后，选中时间轴中主轨道的原素材视频，按照同样的方法裁剪同样大小的画面。

图 1-68

步骤 06 裁剪完成后，回到视频剪辑界面，调整预览区中两段"素材 .mp4"画面位置，将主轨道的原"素材 .mp4"向下移动，画中画中的复制"素材 .mp4"向上移动，让画面更和谐，如图 1-69 所示。

图 1-69

步骤 07 移动完成后，选中画中画中的复制"素材 .mp4"，点击工具栏中的"蒙版"按钮⊙，如图 1-70 所示，并点击"镜面"按钮，如图 1-71 所示。

图 1-70

图 1-71

步骤 08 点击"镜面"按钮后，点击"调整参数"按钮，具体"镜面"蒙版设置如图 1-72 和图 1-73 所示。完成上述操作后，即可点击"导出"按钮将视频保存至相册。

15

图 1-72

图 1-73

例 014 基础性调整：制作照片扩散效果

剪映的基础属性功能可以让用户在剪辑时对基本参数进行精细调整，这样不仅能够提升视频整体质量和观赏性，还能根据具体需求进行个性化的调整。本实例将制作照片扩散视频，使用剪映基础属性功能，让静态的画面变得生动有趣。下面介绍具体操作，效果如图 1-74 所示。

图 1-74

步骤 01 打开剪映 APP，在主界面点击"开始创作"按钮➕，进入素材添加界面，点击"照片"按钮，在"照片"中选择"风景 01.jpg"素材，点击右下方"导入"按钮，进入剪辑界面。

步骤 02 选中"风景 01.jpg"素材，在末尾添加一个关键帧，如图 1-75 所示。回到开头，同样添加一个关键帧，在下方工具栏点击"基础属性"按钮◈，如图 1-76 所示。

图 1-75

图 1-76

步骤 03 进入基础属性选项框，包括"位置""缩放""旋转"，点击"缩放"按钮，直接用"基础"属性调节画面，会让画面大小位置的更改更加精确。将"缩放"调为 0%，如图 1-77 所示。这样缩小放大的效果就完成了。

图 1-77

步骤 04 选中"风景 01.jpg"素材，在下方工具栏点击"复制"按钮▣ 6 次，如图 1-78 所示。

图 1-78

步骤 05 选中复制好的"风景 01.jpg"素材,点击下方工具栏中的"切画中画"按钮❎,并拖动画中画"风景 01.jpg"与原"风景 01.jpg"素材对齐,如图 1-79 所示。后面的素材重复上述操作,如图 1-80 所示。

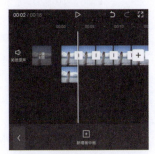

图 1-79

图 1-80

步骤 06 放大时间线,把照片每隔 10 帧依次往后排放,如图 1-81 所示。选中画中的"风景 01.jpg"素材,点击工具栏中的"替换"按钮🔄,依次替换相应素材,如图 1-82 所示。

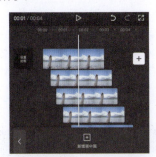

图 1-81

图 1-82

步骤 07 来到素材末尾有关键帧的地方,将前 5 个素材分别移动至预览区画外的四周,如图 1-83 所示,最后一个素材保持不动。

图 1-83

步骤 08 不要选中素材,回到视频剪辑界面,点击下方工具栏中"特效"按钮❇,如图 1-84 所示,点击"画面特效"按钮❇,如图 1-85 所示。

图 1-84

图 1-85

步骤09 在画面特效里点击"边框"按钮,在"边框"选项中找到"粉黄渐变"特效,如图1-86所示。添加完成后,按照同样的方法,再添加6次"粉黄渐变"特效,选中特效长按末尾白色块"┃┃",将特效时间拉长至末尾,所有特效重复上述操作。

> **提示**
>
> 可以根据上述实例的方法继续为视频添加素材照片,让视频更加丰富精彩。同时也可根据自己的意愿为素材添加不同的边框特效。

▶ 拓展练习2:横屏变竖屏

社交媒体与移动设备普及,长视频成主流。虽然中视频未过时,但学会使用转换功能更显重要。剪映调整比例功能,轻松切换画面,适应不同平台需求,确保内容兼容和最佳观看体验。本节介绍剪映视频画面调整,下面介绍横屏转竖屏的具体操作,效果如图1-89所示。

图 1-86

步骤10 选择第二个特效,在下方工具栏中点击"作用对象"按钮◎,如图1-87所示,将作用对象改为"风景02.jpg"素材,如图1-88所示。

图 1-89

打开剪映APP,在主界面点击"开始创作"按钮⊞,进入素材添加界面,选择"素材.mp4";点击右下方"导入"按钮,进入剪辑界面。在未选中任何素材的状态下,找到并点击下方工具栏中的"比例"按钮◻,如图1-90所示,选择"9:16"选项,如图1-91所示,横屏视频则更改为竖屏视频。

图 1-87

图 1-88

步骤11 后面的特效重复上述操作,为每一段素材加上"粉黄渐变"边框特效。

步骤12 完成上述操作后,点击"导出"按钮,将视频保存至相册。

 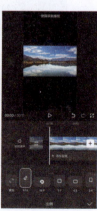

图 1-90   图 1-91

1.3 为视频设置背景画布

想要为视频添加一个背景，或者视频不能铺满全屏，上下黑色背景太单一时，则可以添加多种颜色、多种样式的画布背景，让视频看起来更加鲜活、生动、有趣。本节将介绍设置背景画布的 4 种方法，让读者在实际运用时能更好地制作多种多样的视频。

例 015　画布颜色：为视频更换背景

设置背景画布从简单的画布颜色添加开始，为视频添加简单的画布颜色能让视频看起来更加可爱、有趣和生动，常用在 Vlog 视频制作中。本实例将通过横屏变竖屏，再为一个视频添加一个有颜色背景画布的方法，让大海视频看起来更生动有趣。下面介绍具体操作，效果如图 1-92 所示。

图 1-92

步骤 01 打开剪映 APP，在主界面点击"开始创作"按钮，进入素材添加界面，选择相应的大海视频"素材 .mp4"，点击右下方"导入"按钮，进入剪辑界面。在未选中任何素材的状态下点击底部工具栏中的"比例"按钮，如图 1-93 所示，在比例选项栏中选择"9:16"选项，如图 1-94 所示。

图 1-93

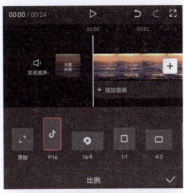

图 1-94

步骤 02 在下方工具中点击"保存设置"按钮，如图 1-95 所示。在未选中任何素材的状态下点击底部工具栏中的"背景"按钮，打开背景选项栏，如图 1-96 所示。

图 1-95

图 1-96

步骤 03 在背景选项栏中点击"画布颜色"按钮，如图 1-97 所示，再在打开的效果选项栏中选择第 4 种模糊效果，点击右下角的按钮保存设置，如图 1-98 所示。

步骤 04 完成所有操作后，即可点击界面右上角的"导出"按钮，将视频保存至相册。

图 1-97

图 1-98

例 016 画布样式：为视频制作卡通背景

有时觉得简单的画布颜色太过单调，想让视频看起来更加可爱且具互动性，则可添加一个有多个元素的卡通特效，卡通背景常常适用于展示多个视频画面或者科普类视频中。本实例在例 015 操作方法之上，教会读者如何使用剪映制作一个卡通背景。下面介绍具体操作，效果如图 1-99 所示。

图 1-99

步骤01 根据实例 015 更改视频比例的步骤，将"素材.mp4"画面更改为 9:16，在下方工具中点击"返回"按钮，在未选中任何素材的状态下点击底部工具栏中的"背景"按钮，打开背景选项栏，点击"画布样式"按钮，如图 1-100 所示。

图 1-100

步骤02 点击"画布样式"按钮后，选择一个可爱的卡通背景，点击右下角的 按钮保存设置，如图 1-101 所示。

图 1-101

步骤03 完成所有操作后，即可点击界面右上角的"导出"按钮，将视频保存至相册。

例 017 画布模糊：制作动感模糊背景

拍摄景观视频多为横屏，转竖屏易失高清和大气感。直接发布横屏视频于竖屏平台，背景上下将变黑，影响视觉表现。需添加模糊背景画布，增强视觉冲击。本实例在例 015 操作方法之上，教会读者如何使用剪映已有的画布替换。下面介绍具体操作，效果如图 1-102 所示。

第 1 章 | 视频剪辑的基本操作

图 1-102

步骤 01 根据实例 015 更改视频比例的步骤,将"素材 .mp4"画面更改为 9:16,在下方工具中点击"返回"按钮■,在未选中任何素材的状态下点击底部工具栏中的"背景"按钮❏,打开背景选项栏,点击"画布模糊"按钮◯,如图 1-103 所示。

图 1-103

步骤 02 在画布模糊选项框中,选择一个合适的模糊效果,如图 1-104 所示。

图 1-104

步骤 03 完成上述操作后,即可点击右上角"导出"按钮,保存视频。

例 018 自定义画布:将手机照片设置为背景

扫描看视频

当我们在剪辑视频时,也许会对剪映现有的背景画布不满意,或者觉得与视频内容不符,则可自行制作背景画布并添加至视频中。本实例在例 015 操作方法之上,教会读者如何使用剪映已有的画布替换。下面介绍具体操作,效果如图 1-105 所示。

图 1-105

步骤 01 根据实例 015 更改视频比例的步骤,将"素材 .mp4"画面更改为 9:16,在下方工具中点击"返回"按钮■,在未选中任何素材的状态下点击底部工具栏中的"背景"按钮❏,打开背景选项栏,点击"画布样式"按钮❏,如图 1-106 所示。接着在"画布样式"选项栏中点击"图片添加"按钮❏,如图 1-107 所示。

图 1-106

图 1-107

步骤 02 即可进入素材添加界面选择需要的背景图，如图 1-108 所示。

图 1-108

步骤 03 完成后即可点击右上角"导出"按钮，保存至相册。

▶▶ 拓展练习 3：使用贴纸为视频添加水印

本章详细介绍了如何使用剪辑手机版基础功能进行视频剪辑，让读者对剪辑有了初步的认识。但是视频剪辑单单掌握上述技巧是远远不够的，本拓展练习将介绍如何使用剪映"贴纸"功能让视频内容更加丰富，效果如图 1-109 所示。下面介绍具体操作方法。

图 1-109

步骤 01 打开剪映 APP，在主界面点击"开始创作"按钮＋，进入素材添加界面，添加例 01 保存的"效果视频 .mp4"素材，再点击右下方"导入"按钮，进入剪辑界面。在未选中任何素材的状态下，点击下方工具栏中的"贴纸"按钮，如图 1-110 所示，进入贴纸选项框，选择并添加一张喜欢的并能作为水印的贴纸，如图 1-111 所示。

图 1-110

图 1-111

步骤 02 贴纸添加完成后，在预览区画面中用两根手指调整贴纸大小和位置，将贴纸放置于预览区画面中四角任意位置皆可。调整完成后，选中时间轴轨道中贴纸素材，拖动素材右边白色边框，将其时长延长至视频结尾处。

步骤 03 完成所有操作后，即可点击界面右上角的"导出"按钮，将视频保存至相册。

第 2 章 添加背景音乐与音效

第 1 章介绍了剪映剪辑的基本操作,本章将会介绍添加音频的 6 种方法和如何处理音频,从听觉上丰富视频内容,给观众带来视听享受。

2.1 添加音频的 6 种方法

剪映添加音频有 6 种方法,接下来详细介绍每种方法的使用过程。

例 019 剪映音乐库:为视频添加背景音乐

使用剪映添加音频的第一步就是学会如何使用剪映音乐库。在剪映的音乐库里找到相匹配的音乐,效果如图 2-1 所示。下面介绍具体操作方法。

扫描看视频

图 2-1

步骤 01 打开剪映 APP,在主界面点击"开始创作"按钮 +,进入素材添加界面,选择"素材 .mp4",点击右下方"导入"按钮,进入剪辑界面。

步骤 02 跳转到音频添加选项框的方法有两种:第一种,点击时间轴中"添加音频"按钮;第二种,不选中时间轴中视频,在下方工具栏中点击"音频"按钮 ♪,如图 2-2 所示。不论使用哪种方法都会进入音频编辑工具栏,如图 2-3 所示。

图 2-2

图 2-3

步骤 03 点击"音频"按钮 ♪,在音频选项框中点击"音乐"按钮 ♪,即可进入音乐库,如图 2-4 所示。

图 2-4

步骤 04 为了更精准地找到需要的音乐,可以使用上方搜索功能,搜索成功先点击"下载"按钮 ↓,再点击"使用"按钮,如图 2-5 所示。

图 2-5

步骤 05 点击"使用"按钮后，会跳转至视频编辑界面，视频的背景音乐即添加成功。由于音频时间长于视频时间，所以需要选中时间轴上的音频，在"素材.mp4"的结尾处对音频进行分割和删减，如图2-6所示。

图 2-6

步骤 06 完成上述操作后即可点击右上角"导出"按钮，将视频保存至相册。

例 020 抖音收藏：添加抖音热门音乐

作为一款与抖音直接关联的短视频剪辑软件，剪映支持用户在剪辑项目中直接添加抖音中的音乐。在进行操作之前，需要用户切换至"我的"界面，登录抖音账号，确保账号一致。建立剪映与抖音连接，抖音收藏音乐可在剪映"抖音收藏"中找到并调用。本案例将为风景类视频添加一个背景音乐，效果如图2-7所示。下面介绍具体操作方法。

图 2-7

步骤 01 打开抖音APP，在视频播放界面点击界面右下角CD形状的按钮，如图2-8所示，进入"拍同款"界面，点击"收藏原声"按钮 ☆收藏原声 ，即可收藏该视频背景音乐，如图2-9所示。

图 2-8

图 2-9

步骤 02 打开剪映APP，在主界面点击"开始创作"按钮 ，进入素材添加界面，选择"素材.mp4"，点击右下方"导入"按钮，进入剪辑界面。

步骤 03 在未选中任何素材的状态下，将时间线移动至视频的起始位置，然后点击工具栏中"音频"按钮 ，进入音频选项框。有两种方法进入抖音收藏界面：第一种在音频选项框中点击"音乐"按钮 ，第二种点击"抖音收藏"按钮 ，如图2-10所示。

第 2 章 ｜ 添加背景音乐与音效

图 2-10

步骤 04 点击"抖音收藏"按钮，进入剪映的音乐库，即可在界面下方的"抖音收藏"列表看到刚刚收藏的音乐，点击"下载"按钮 ↓，下载音乐，再点击"使用"按钮，如图 2-11 所示，即可将收藏的音乐添加至剪辑项目中，如图 2-12 所示。

图 2-11

图 2-12

步骤 05 完成上述操作可点击右上角"导出"按钮，将视频保存至相册。

> **提示**
>
> 　　由于音频和视频长度不一致，可以通过分割，将多余的音频裁剪。

例 021 提取音乐：使用本地视频的音乐

扫描看视频

剪映支持用户对本地相册中拍摄和存储的视频进行音乐提取操作，简单来说就是将其他视频中的音乐提取出来并单独应用到剪辑项目中。本实例将通过提取本地视频的音乐为宠物视频添加一个背景音乐，效果如图 2-13 所示。下面介绍具体操作方法。

图 2-13

步骤 01 打开剪映 APP，在主界面点击"开始创作"按钮 ⊕，进入素材添加界面，选择"素材.mp4"，点击右下方"导入"按钮，进入剪辑界面。

步骤 02 在未选中任何素材的状态下，将时间线移动至视频的起始位置，然后点击工具栏中"音频"按钮 ♪，进入音频选项框。有两种方法提取本地视频音乐：第一种方法，进入音乐素材库添加界面，切换至"导入音乐"界面，然后点击"提取音乐"按钮，接着点击"去提取视频中的音乐"按钮，如图 2-14 所示，在打开的素材选界面中选择带有音乐的视频，然后点击"仅导入视频的声音"按钮。

图 2-14

25

步骤 03 除了可以在音乐素材库中进行音乐提取操作以外，读者还可以选中"音频"按钮，在音频选项框中找到"提取音乐"按钮，如图 2-15 所示。可以直接跳转至素材选取界面，并选择相应的带有音乐的视频，然后点击"仅导入视频的声音"按钮，背景音乐即添加至剪辑界面。

图 2-15

步骤 04 完成上述操作后，即可点击右上方"导出"按钮，将视频保存至相册。

例 022 链接下载：使用热门视频同款音乐

如果剪映音乐素材库中的音乐素材无法满足剪辑需求，那么用户可以尝试通过视频链接提取其他视频中的音乐。本案例将告诉读者如何用剪映"链接下载"功能，为萌娃视频添加背景音乐，效果如图 2-16 所示。下面介绍具体操作方法。

图 2-16

步骤 01 以抖音为例，如果读者想要使用该平台某个视频中的背景音乐，可以在抖音的视频播放界面点击右侧的"分享"按钮，再在底部弹窗中点击"分享到..."按钮，然后会出现链接复制成功"弹窗"，如图 2-17 所示。

图 2-17

步骤 02 完成上述操作后，打开剪映 APP，选择"素材.mp4"，进入剪辑界面。在未选中任何素材的状态下，点击下方工具栏"音频"按钮，进入剪映音乐素材库，切换至"导入音乐"界面，然后在选项栏中点击"链接下载"按钮，在文本框中粘贴之前复制的音乐链接，再点击右侧的"下载"按钮，等待片刻，解析完成后，即可点击"使用"按钮，如图 2-18 所示，音乐则会添加至剪辑项目，如图 2-19 所示。

图 2-18

第 2 章 | 添加背景音乐与音效

音频选项框中，找到并点击"录音"按钮，如图 2-21 所示，然后在底部浮窗中可以长按红色按钮录制，也可以直接点击"录制"按钮，如图 2-22 所示。长按红色录制按钮可以控制录音位置和时长，点击红色录制按钮需要在视频结尾处点击"暂停"按钮。

图 2-19

步骤 03 完成上述操作后，点击右上角"导出"按钮将视频保存至相册。

> **提示**
> （1）由于音频时间长度会发生与视频时间长度不一致，需要使用"分割"功能适当进行调整。
> （2）对于想要靠视频作品盈利的用户来说，在使用其他平台的音乐作品视频素材前，需与平台或音乐创作者进行协商，避免发生作品侵权行为。

图 2-21

图 2-22

例 023 录制语音：为口播视频配音

剪映中的"录音"功能可以让读者实时在剪辑项目中完成旁白的录制和编辑工作。本案例将制作一个为采访视频配音的视频，效果如图 2-20 所示。下面介绍具体操作方法。

图 2-20

步骤 01 打开剪映 APP，在主界面点击"开始创作"按钮 +，进入素材添加界面，添加"素材 .mp4"，点击右下方"导入"按钮，进入剪辑界面。在未选中任何素材的状态下，将时间线移动至视频的起始位置，然后点击下方工具栏中的"音频"按钮，在

步骤 02 因为是录口播视频，所以在录音时需要对准人物口型，根据人物嘴型的开闭进行配音。录制完成后即可点击右上角"导出"按钮，将视频保存至相册。

例 024 添加音效：为美食短片添加音效

视频的声音不只有音乐，有时还会有一些声音效果，例如街道上的喧哗声音，大海海浪翻滚的声音，热水沸腾的声音，等等，这些声音效果的存在会让视频吸引力更强，让观众更有代入感。本案例旨在向读者详尽阐述如何为美食短片精准融入音效元素，以显著提升视频内容的吸引力与趣味性，使之更加生动且引人入胜，效果如图 2-23 所示。下面介绍具体操作方法。

图 2-23

步骤 01 打开剪映 APP，在主界面点击"开始创作"按钮⊕，进入素材添加界面，选择"素材.mp4"，点击右下方"导入"按钮，进入剪辑界面。

步骤 02 "素材.mp4"开头第一个画面为切肉视频，为了让音效听着更真实，将时间线移动至时间刻度 9f 的位置，同时也是刀已切肉的位置，在未选中任何素材的状态下，点击"音效"按钮，可以在文本框内输入"切肉声"，选择"切割肉的声音"音效，点击"下载"按钮↓，然后点击"使用"按钮，如图 2-24 所示。

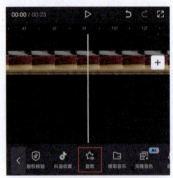

图 2-24

步骤 03 因为视频时长与音频时长不符，同时切肉动作分了两次，需要使用分割功能对音频进行裁剪。选中音频素材"切肉的声音"，在 15f 处点击"分割"按钮Ⅱ，如图 2-25 所示，在 4s 处再点击"分割"按钮Ⅱ，如图 2-26 所示，选中中间分割的视频，并点击"删除"按钮，最后在切肉部分结尾处，点击"分割"按钮Ⅱ，将多余的音频删除。

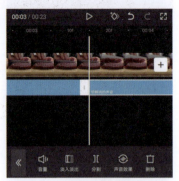

图 2-25

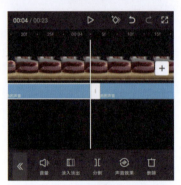

图 2-26

步骤 04 "素材.mp4"第二个画面为火锅涮肉视频，分为滚烫的热汤和汤底沸腾两部分，根据上述操作步骤，在音效中分别找到"在热水锅上倒水"和"煮汤沸腾声"音效，并点击"使用"按钮，如图 2-27 所示。

图 2-27

第 2 章 添加背景音乐与音效

步骤05 音效添加成功后，需要根据片段对音效时长和位置进行调整，"在热水锅上倒水"和"煮汤沸腾声"位置如图 2-28 所示。

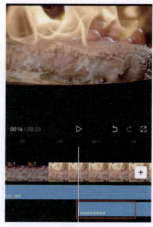

图 2-29

步骤07 完成上述操作，点击右上角"导出"按钮，将视频保存至相册。

▶▶ 拓展练习 4：使用"文本朗读"功能为字幕配音

本节介绍了音频的几种基础使用方法。本次拓展练习将制作一个将文本转为配音的视频，告诉读者如何制作不用说话也可以有语音的视频，效果如图 2-30 所示。下面介绍具体操作方法。

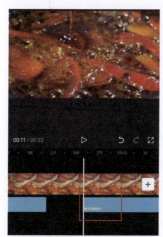

图 2-28

步骤06 "素材 .mp4"最后一个烤肉画面根据上述操作，选择"火焰旋风"和"油脂烤肉烧烤美食"音效，放置位置如图 2-29 所示。将多余部分删除。

图 2-30

步骤01 打开剪映 APP，在主界面点击"开始创作"按钮，进入素材添加界面，选择"素材无字幕.mp4"，点击右下方"导入"按钮，进入剪辑界面。在未选中任何素材的状态下，将时间线移动至 00:02:20 的位置，然后点击下方工具栏中的"文字"按钮，进入文字选项框，点击"新建文本"按钮，如图 2-31 所示。输入所需文案，最终文案参考"素材有字幕.mp4"。

步骤02 文案添加成功后，选取该文字素材，在下方点击"文本朗读"按钮，如图 2-32 所示。进入文本朗读选项框，可以在其中选取所需音色，首先选

29

择"女生音色"选项,然后点击"心灵鸡汤"音色,如图 2-33 所示。文本朗读即完成。

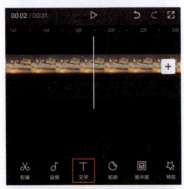

图 2-31

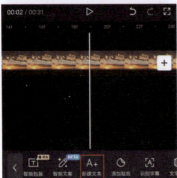

图 2-32

图 2-33

步骤 03 后面的文案根据上述步骤方法,将文字转为字幕配音。

步骤 04 完成所有操作后,即可点击右上角"导出"按钮,将视频保存至相册。

2.2 音频的处理方法

在介绍了 6 种音频添加方法后,本节将告诉读者音频处理的 5 种方法。

例 025 音量调整:将人声和音乐调出层次感

为增强视频氛围,常需在人声视频中加入背景音乐。本案例聚焦于调整人声和音乐音量,以提升声音适配性和视频层次感,通过精确调整,制作出一段既含人声又融音乐的视频,使整体效果更为丰富和立体,效果如图 2-34 所示。下面介绍具体操作方法。

扫描看视频

图 2-34

步骤 01 打开剪映 APP,在主界面点击"开始创作"按钮+,进入素材添加界面,按照素材顺序,添加本案例相应视频素材,进入剪辑界面。在未选中任何素材的状态下,将时间线移动至视频 7f 的位置,然后点击"音频"按钮,在音频选项框中,找到并点击"录音"按钮,录一段视频文案语音,如图 2-35 所示。

第 2 章 | 添加背景音乐与音效

步骤 03 回到视频剪辑界面，为了突出人声，可以将背景音乐声音调小，选中背景音乐素材，点击下方工具栏中的"音量"按钮◁》，如图 2-37 所示。在音量调节界面，拖动"音量"滑块◯，将"音量"调整至 70，如图 2-38 所示，点击右下方"保存"按钮☑，音量大小即调整成功。

图 2-35

> **提示**
> 文案可以根据自己需求自行确定内容和时间点。实例素材文案如表 2-1 所示。

表 2-1

	文案	时间
第一句	生命轮回，花开花落。	00:00:00:07-00:00:03:09
第二句	在阳光下，往返于春天。	00:00:03:28-00:00:07:03
第三句	春意款款，岁月缓缓。	00:00:07:22-00:00:10:23
第四句	定格每一个春天的故事。	00:00:11:07-00:00:13:16
第五句	在春天的花海里徜徉。	00:00:15:02-00:00:18:08
第六句	看着清澈的泉水流淌。	00:00:18:16-00:00:20:20
第七句	我希望我吹过的风。	00:00:23:07-00:00:25:15

步骤 02 录完音后，在音乐素材库中找到一段背景音乐，点击"使用"按钮，如图 2-36 所示。

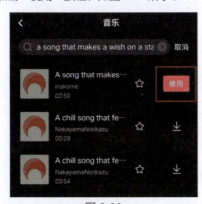

图 2-36

图 2-37

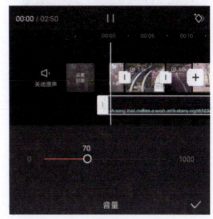

图 2-38

步骤 04 完成上述操作后，即可点击右上角"导出"按钮将视频保存至相册。

例 026 淡入淡出：制作音频渐变效果

在视频剪辑中，使用淡入淡出效果可使背景音乐过渡平滑，避免突兀切换。减少音频的突然变化，使音乐进入和退出更温和，听觉更舒适。本实例将为海边旅游视频添加背景音乐，并进行淡入淡出处理，避免音频过大或过小，保持整体视听效果，效果如图 2-39 所示。下面介绍具体操作方法。

扫描看视频

31

图 2-39

步骤 01 打开剪映 APP，在主界面点击"开始创作"按钮➕，进入素材添加界面，选择"素材 .mp4"，点击右下方"导入"按钮，进入剪辑界面。

步骤 02 在未选中任何素材的状态下，将时间线移动至视频的起始位置，然后点击下方工具栏中的"音频"按钮♪，在音频选项栏中，点击"音乐"按钮⊙，进入音乐素材库，选一段适合视频风格的背景音乐，点击"下载"按钮⬇，然后点击"使用"按钮，如图 2-40 所示。

图 2-40

步骤 03 添加背景音乐成功后，进入视频剪辑界面，选中背景音乐素材，将时间线放置于"素材 .mp4"末尾处，点击"分割"按钮▯▯，将多余的音频删除，如图 2-41 所示。

图 2-41

步骤 04 选中背景音乐素材，点击下方工具栏中"淡入淡出"按钮▯▯，如图 2-42 所示。进入淡入淡出调节界面，将淡入淡出都调整至 2s，如图 2-43 所示。

图 2-42

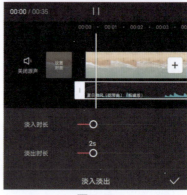

图 2-43

步骤 05 完成上述操作，点击右上角"导出"按钮，将视频保存至相册。

例 027　音频变速：制作搞笑短视频

在一些搞笑短视频中，慢动作效果能增强视听冲击力。本实例将使用音频变速功能，制作女孩摔倒的搞笑短视频，提升吸引力，效果如图 2-44 所示。下面介绍具体操作方法。

扫描看视频

图 2-44

第 2 章 | 添加背景音乐与音效

步骤01 打开剪映 APP，在主界面点击"开始创作"按钮➕，进入素材添加界面，选择"素材 .mp4"，点击右下方"导入"按钮，进入剪辑界面。

步骤02 在未选中任何素材的状态下，将时间线移动至视频的起始位置，然后点击下方工具栏中的"音频"按钮♪，在音频选项栏中，点击"音乐"按钮⊙，进入音乐素材库，因为本视频是一个高效视频，所以选一段轻快的背景音乐，点击"下载"按钮⬇，然后点击"使用"按钮，如图 2-45 所示。

图 2-45

步骤03 背景音乐添加成功后，回到视频剪辑界面。将时间线移动至"素材 .mp4"中女孩将要摔倒的位置，分别选中"素材 .mp4"和音频素材，并点击"分割"按钮Ⅱ，如图 2-46 所示。再将时间线移动至女孩摔倒后的位置，分别选中"素材 .mp4"和音频素材，再次点击"分割"按钮Ⅱ，如图 2-47 所示。

图 2-46　　　　图 2-47

步骤04 素材分割完成后，分别选中"素材 .mp4"分割后中间的片段视频素材和音频素材，并点击下方工具栏中的"复制"按钮🗐，如图 2-48 所示。片段视频素材复制成功后将会自动放置在需要复制的视频素材后方，而音频素材轨道由于不能自动排列，需要手动调整。将最后一段音频移动至最后一段视频素材开头处，再将复制的音频素材放置复制的视频素材下方，如图 2-49 所示。

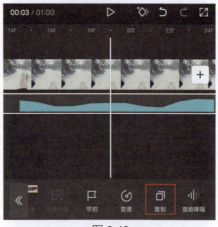

图 2-48

图 2-49

步骤05 选中复制的片段视频素材，点击下方工具栏中"变速"按钮⊙，再点击"常规变速"按钮，将速度调整为"0.3×"。选中音频素材，点击下方工具栏中"变速"按钮⊙，直接进入"变速"选项栏，将速度调整为"0.3×"，如图 2-50 所示。

33

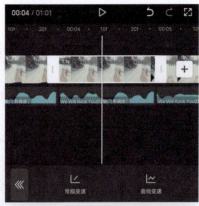

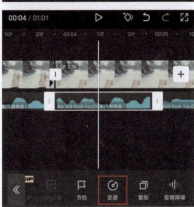
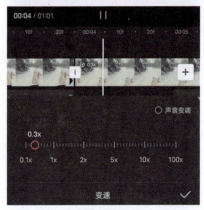

图 2-50

提示

视频素材不仅可以选择常规变速,还可以选择曲线变速,与视频素材不同的是,而音频素材只能通过常规变速功能进行速度调整。

步骤06 同样,音频变速调整完成后,由于慢速会让音频时间拉长,但是音频轨道无法自动调整,所以需要手动调整音频位置。

步骤07 音频变速效果调整完成后,将时间线移动至视频结尾的位置,为了让背景音乐结束得不突兀,对视频和音频进行分割调整,视频和音频素材保留时长为9s左右。裁剪完成后,选中音频素材,点击"淡入淡出"按钮,将"淡出时长"调整为0.5s。

步骤08 完成上述操作后,还可以为变速素材部分添加音效素材,更加丰富视频的视听内容。

步骤09 完成所有操作后,即可点击右上角"导出"按钮,将视频保存至相册。

例 028 音频变声:制作机器人音效

剪映的音频变声功能可以让用户改变视频中人物的声音特效,增添趣味性和创意性。本实例将制作一个机器人说话视频,告诉读者如何使用音频变声功能,效果如图2-51所示。下面介绍具体操作方法。

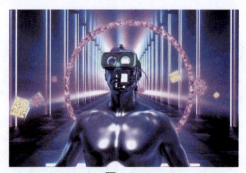

图 2-51

步骤01 打开剪映APP,在主界面点击"开始创作"按钮+,进入素材添加界面,选择"素材.mp4",点击右下方"导入"按钮,进入剪辑界面。

步骤02 在未选中任何素材的状态下,将时间线移动至6s,然后点击下方工具栏中的"音频"按钮 ♪,在音频选项框中,找到并点击"录音"按钮 ⓑ,录一段视频文案语音,如图2-52所示。实例视频文案为"记忆,会欺骗你,但,感受不会。"

第2章 添加背景音乐与音效

例 029 添加节拍点：制作音乐卡点视频

扫描看视频

剪映的节拍功能简化视频与音乐配合过程，省去手动标记节奏点的烦琐步骤。此功能不仅支持手动标记，还能自动分析背景音乐并生成节奏标记点，提高制作卡点视频的效率。本实例将通过使用音频节拍功能，制作一个口红美妆效果卡点视频，效果如图 2-55 所示。下面介绍具体操作方法。

图 2-52

步骤 03 录音完成后，选中音频素材，点击音频选项栏中的"声音效果"按钮◎，如图 2-53 所示。

图 2-53

步骤 04 进入声音效果选项栏，在"音色"选项中选择"机器人"音色，如图 2-54 所示，这样机器人音效就制作成功了。

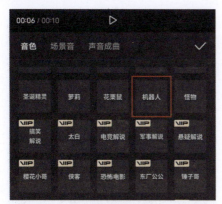

图 2-54

步骤 05 完成上述操作后，点击右上角"导出"按钮，将视频保存至相册。

图 2-55

步骤 01 打开剪映 APP，在主界面点击"开始创作"按钮➕，进入素材添加界面，按照素材顺序，添加本案例相应视频素材，进入剪辑界面。

步骤 02 点击"音频"按钮♪，进入音乐素材库，音乐素材库中有音乐分类，读者可以根据自己需求，更加快速地选取自己需要的背景音乐。"商用音乐"界面同样也有详细的音乐分类，需要避免版权问题争议，可以从这里挑选背景音乐。

步骤 03 点击"商用音乐"按钮，再点击"卡点"按钮，如图 2-56 所示。在里面找到需要的背景音乐，点击"使用"按钮 使用 ，如图 2-57 所示。

图 2-56

35

图 2-57

步骤 04 进入音乐剪辑界面，选中音乐素材，在下方工具栏中点击"节拍"按钮。

步骤 05 进入"节拍"选项栏，可以手动标记节拍点，如图 2-58 所示。也可以使用剪映的"自动踩点"功能，点击"自动踩点"按钮，自动踩点成功后，将节奏调整至右数第二格，如图 2-59 所示。读者可以根据自己需求自行调节。

图 2-58　　　　图 2-59

步骤 06 回到剪辑界面，音乐素材下方已经自动生成黄色的标记点，根据标记点调整素材时长。由于"口红素材 1.mp4"和"口红素材 2.mp4"在视频开头，时长需要稍微长一些，有一个开头引入的效果，将时间线移动至第 4 个节拍点，选中"口红素材 1.mp4"，点击下方工具栏中的"分割"按钮，再点击"删除"按钮，如图 2-60 所示。将时间线移动至第 7 个节拍点，选中"口红素材 2.mp4"，点击下方工具栏中的"分割"按钮，再点击"删除"按钮，如图 2-61 所示，将多余的素材删除。

图 2-60

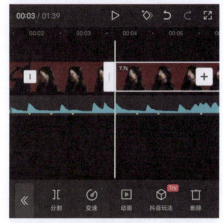

图 2-61

步骤 07 将时间线移动至第 9 个节拍点位置，用同样的方法将"口红素材 3.mp4"多余的部分删除，如图 2-62 所示。将时间线移动至第 10 个节拍点位置，选中"口红素材 4.mp4"，将多余的部分删除，如图 2-63 所示。

图 2-62

第 2 章 | 添加背景音乐与音效

图 2-63

图 2-65

步骤01 打开剪映 APP，在主界面点击"开始创作"按钮➕，进入素材添加界面，选择"素材.mp4"，点击右下方"导入"按钮，进入剪辑界面。点击"音频"按钮🎵，进入音乐素材库，添加所需卡点音乐，如图 2-66 所示。根据实例 029 的步骤，添加音乐节拍点，如图 2-67 所示。

步骤08 除"口红素材 13.mp4"，参照步骤 06 的操作方法，对余下的素材进行处理，让素材和余下节拍点对齐，如图 2-64 所示。

图 2-64

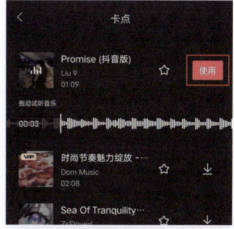

图 2-66

步骤09 将时间线移动至第 25 个节拍点位置，选中"口红素材 13.mp4"，点击底部工具栏中的"分割"按钮✂，再点击"删除"按钮🗑，将多余素材删除。然后将时间线移动至视频结尾位置，选中音乐素材，将多余的音乐素材分割并删除。最后点击下方工具栏中"淡入淡出"按钮，将"淡出时长"调节为 2s，让视频音乐结束得不突兀。

步骤10 完成上述操作后，点击右上角"导出"按钮，将视频保存至相册。

▶ **拓展练习 5：制作抽帧卡点效果**

本节介绍了如何使用音频为视频增加听觉效果，进一步丰富视频内容。本拓展练习将制作一个女生跳舞动感视频，为读者介绍如何制作抽帧卡点效果，效果如图 2-65 所示。下面介绍具体操作方法。

扫描看视频

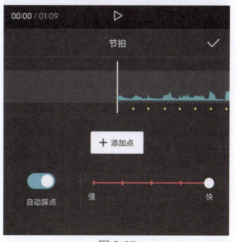

图 2-67

步骤02 添加音乐节拍点后,将时间线移动至"素材.mp4"结尾,对多余的音频部分进行分割。

步骤03 然后将时间线移动至第6个节拍点的位置,选中"素材.mp4",点击下方工具栏中的"分割"按钮⦚,如图2-68所示,双指向两边拉动时间轴至最大,在此基础上再将时间线移动至第6个节拍点后5f的位置,再次点击"分割"按钮⦚,选中分割片段,点击下方工具栏中的"删除"按钮🗑,如图2-69所示。

步骤04 后面的节拍点都重复上述操作。完成后,在视频结尾分割多余的音频素材。

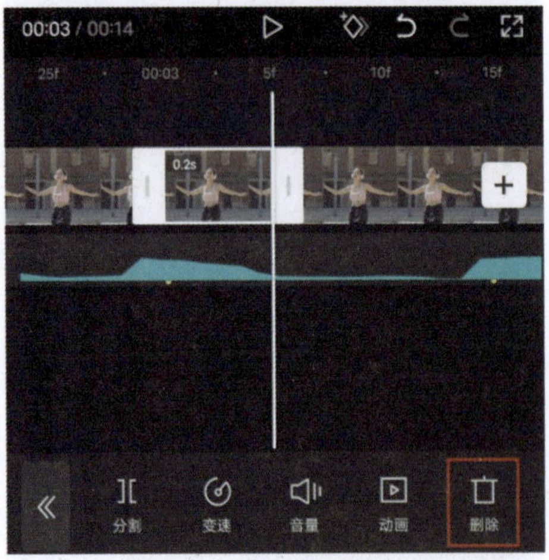

步骤05 完成上述操作后,点击"转场"按钮⎍,如图2-70所示,为每段视频素材添加"闪白"转场效果,并点击左上方"应用全局"按钮⊙,如图2-71所示。

图 2-70

图 2-68

图 2-71

步骤06 完成所有操作后,即可点击右上角"导出"按钮,将视频保存至相册。

图 2-69

第 3 章 制作短视频字幕

为了让视频信息更加丰富,让重点更加突出,很多视频都会添加一些文字,例如视频的标题、人物的台词、关键词、歌词等。此外,为文字增加动画或特效,并将其安排在恰当的位置,还能令视频更具美感。本章将介绍一些短视频中常用的字幕效果,帮助读者做出图文并茂的视频。

3.1 添加视频字幕

本节将介绍剪映文本添加的基础用法,告诉读者如何添加视频字幕。通过简单的步骤和技巧,读者可以快速掌握基础的字幕添加和技能,为视频内容增添新的层次和价值。

例 030 新建文本:为视频添加文案

制作字幕的第一步,是要了解如何创建文本。本实例将给一个视频添加文案,告诉读者如何添加文字,效果如图 3-1 所示。下面介绍具体操作方法。

扫描看视频

图 3-1

图 3-2

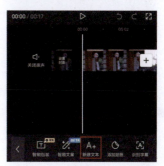
图 3-3

图 3-4

步骤 01 打开剪映 APP,在主界面点击"开始创作"按钮➕,进入素材添加界面,选择"素材.mp4",点击右下方"导入"按钮,进入剪辑界面。在未选中任何素材的状态下,点击下方工具栏中的"文字"按钮T,如图 3-2 所示,进入文字编辑选项栏,点击工具栏中的"新建文本"按钮A+,如图 3-3 所示。

步骤 02 点击工具栏中"新建文本"按钮A+后,进入文本添加编辑框,输入需要的文字即可,如图 3-4 所示。文字输入完成后,点击✓按钮,将会自动添加至时间轴中视频轨道下方文字轨道中。

例 031 文字模板：为视频添加标题

直接添加文字往往会太单调，设计文字样式可美化视频，但是自己设计会耗时耗力。剪映提供文字模板，帮助读者高效创作视频。本实例将在实例 030 的基础上用剪映的文字模板为视频添加一个标题，告诉读者如何使用剪映文字模板，效果如图 3-5 所示。下面介绍具体操作方法。

图 3-5

步骤 01 打开剪映 APP，在主界面点击"开始创作"按钮➕，进入素材添加界面，选择例 030 "效果视频 .mp4"素材并点击右下方"导入"按钮，进入剪辑界面。

步骤 02 将时间线移动至"效果视频 .mp4"素材开头，在未选中任何素材的状态下，点击下方工具栏中"文字"按钮T，进入文字编辑选项栏，点击工具栏中"新建文本"按钮A+，进入文字编辑界面，点击"文字模板"按钮，由于需要制作一个片头标题，在下方选项框中找到并点击"片头标题"按钮，选择一个喜欢并和"效果视频 .mp4"素材适配的文字模板，如图 3-6 所示。

图 3-6

步骤 03 选择好文字模板后，在文本框内修改文案。由于选择的模板有三处需要调节，可以点击文本输入栏中"文字调整"按钮进行调整。在第一个文本框中将文字"我爱"改为"夏日"，如图 3-7 所示，更改后点击按钮，将文字"你"改为"梦"，如图 3-8 所示，更改后再次点击按钮，将文本框中文字"LOVE YOU FOREVER"改为 Memory，如图 3-9 所示。

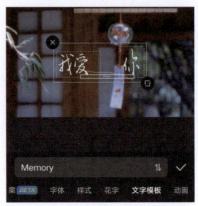

图 3-7

图 3-8

图 3-9

第 3 章 | 制作短视频字幕

> **提示**
> 更改成功后，在预览区中单指按住文字模板可以拖动文字到合适的位置，双指放大或缩小可以将该模板调整至合适的大小，如图 3-10 所示，同时可以将时间线移动至合适的位置，使用分割功能，调整文字出现时长，将多余的部分删除，如图 3-11 所示。

步骤 02 将时间线移动至"素材 .mp4"中蒜蓉将要落下的位置，在未选中任何素材的状态下，点击"文本"按钮，然后点击"文本"工具栏中"涂鸦笔"按钮，如图 3-13 所示，进入涂鸦笔编辑界面，如图 3-14 所示。

图 3-10

图 3-11

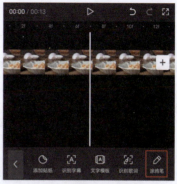
图 3-13

步骤 04 文字输入完成后，点击☑按钮，将会自动添加至时间轴中视频轨道下方文字轨道中。

步骤 05 完成上述操作即可点击右上角"导出"按钮，将视频保存至相册。

例 032 涂鸦笔：添加手绘风字幕

添加文字除了使用文本添加功能，还可以使用涂鸦笔添加。如果想在视频里添加手写字幕，可以使用剪映涂鸦功能进行添加，效果如图 3-12 所示。下面介绍具体操作方法。

图 3-14

步骤 03 根据需求调整好笔触大小、颜色、硬度、不透明度等参数，为了涂鸦时能更加精确，可双指放大预览区画面，然后单指在预览区随意写字或画即可。画错的地方可以点击预览区的⤺图标，即可撤回上一步操作，或者点击"橡皮擦"按钮，擦除不需要的部分即可，如图 3-15 所示。

图 3-12

步骤 01 打开剪映 APP，在主界面点击"开始创作"按钮，进入素材添加界面，选择"素材 .mp4"，点击右下方"导入"按钮，进入剪辑界面。

图 3-15

步骤 04 按照上述方法,为"素材.mp4"添加黄金柠檬虾的制作步骤文案。完成上述步骤后,即可点击右上角"导出"按钮,将视频保存至相册。

> **提示**
> 还可以在视频结尾的位置,用涂鸦笔为黄金柠檬虾画一个边框,让画面更和谐生动,如图3-16所示。

图 3-16

▶▶ 拓展练习 6:设置字幕字体和样式

本案例将在实例 031 的基础上更改和设置视频中文案的字体和样式,让文案与视频整体更具协调性,效果如图 3-17 所示。下面介绍具体操作方法。

扫描看视频

图 3-17

步骤 01 回到例 031 的视频编辑界面,点击"文字"按钮 T,选中文字素材"夏日的梦",点击下方工具栏中的"编辑"按钮,进入文字编辑界面。

步骤 02 点击"字体"按钮,选择合适的字体。然后点击"样式"按钮,在文本编辑界面可以调整文案的颜色,将文案调整至合适的大小,调整透明度。本实例文字字体为"以梦为马"、颜色为白色、字体大小为 18、"透明度"为 100%,如图 3-18 所示。

步骤 03 调整完文本后,点击"描边"按钮,可以为文字加一个边框,下方还可以调整边框粗细,如图 3-19 所示。本实例"描边"颜色为黑色、粗细大

小为 10。调整完成后,点击"发光"按钮,可以根据需求添加发光效果,本实例以梦为主题,为了让视频看着更加梦幻,为字体添加发光效果,发光颜色为白色,"强度"和"范围"均为 60,如图 3-20 所示。

图 3-18

图 3-19

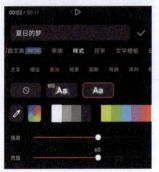

图 3-20

步骤 04 同时样式编辑界面还可以编辑文字的背景，为文字添加阴影，更改文字排版的形状，从直线变成曲线，可以更改文字排列状态，调整文字整体大小和字间距，还可以更改文字的形状，更将文字更改为粗体、斜体或加下画线。以上都可以根据自己的需求对文字进行调整。最后点击预览框中的文字，可以对其进行位置的调整。

步骤 05 后续的文案都可以根据上述方法步骤进行调整。同时在添加文字时，可以先设置好一个文本素材，设置好后，在工具栏中点击"复制"按钮，则后面的文案素材样式都会与此素材一致，只需要在文本框编辑文字。

步骤 06 完成上述步骤后，即可点击右上角"导出"按钮，将视频保存至相册。

3.2 批量添加字幕

本节将介绍剪映的"识别字幕"和"识别歌词"功能，告诉读者如何批量添加字幕。

例 033 识别字幕：为口播视频添加字幕

剪映"识别字幕"功能可一键为口播视频添加字幕，简化文案添加流程，提升制作效率。本实例将为一个口播视频添加字幕，效果如图3-21所示。下面介绍具体操作方法。

图 3-21

步骤 01 打开剪映APP，在主界面点击"开始创作"按钮，进入素材添加界面，选择"素材.mp4"，点击右下方"导入"按钮，进入剪辑界面。

步骤 02 在未选中任何素材的状态下，点击下方工具栏中"文字"按钮，进入文字编辑选项栏，点击工具栏中的"识别字幕"按钮，如图3-22所示，进入识别字幕选项栏，在"识别字幕"下方点击"仅视频"按钮，然后点击下方红色"开始识别"按钮，如图3-23所示。等待一段时间后，文字则添加成功。

图 3-22

图 3-23

步骤 03 自动生成的字幕会出现在视频下方，如图3-24所示。在预览区域点击字幕并拖动，可调整其位置，双指按住分开或并拢，可调整字幕的大小。同时也可根据3.1节内容步骤调整字体颜色样式，如图3-25所示。对其中一段字幕修改后，其余字幕将自动进行同步修改（默认设置），如果只想单独更改某一段字幕，取消选中"应用到所有字幕"单选按钮即可，如图3-26所示。

图 3-24

图 3-25

图 3-26

步骤04 完成上述操作后，即可点击右上角"导出"按钮，将视频保存至相册。

例 034　识别歌词：为视频添加歌词字幕

　　剪映除了为口播视频自动添加字幕，同时也可以为歌曲自动添加歌词字幕。本实例将简单为一段视频添加歌曲并添加视频，效果如图 3-27 所示。下面介绍具体操作方法。

图 3-27

步骤01 打开剪映 APP，在主界面点击"开始创作"按钮 ，进入素材添加界面，选择"素材 .mp4"，点击右下方"导入"按钮，进入剪辑界面。点击"音频"按钮 ，再点击"音乐"按钮 ，进入音乐库，找到一首符合视频的歌曲，如图 3-28 所示。回到编辑界面，将多余的音频部分裁剪，如图 3-29 所示。

步骤02 在未选中任何素材的状态下，点击下方工具栏中"文字"按钮 ，进入文字编辑选项栏，点击工具栏中的"识别歌词"按钮 ，如图 3-30 所示，进入识别歌词选项栏，点击下方红色"开始匹配"按钮，如图 3-31 所示。等待一段时间后，字幕则添加成功。

图 3-28

图 3-29

图 3-30

图 3-31

步骤03 完成上述操作后即可导出视频并将视频保存至相册。

> **提示**
>
> 因为歌词放在正中央，背景比较清晰，容易注意不到歌词，在未选中任何素材的情况下，点击"特效"按钮，可以为视频添加一个"斜线模糊"特效和"萤火"特效，将视频变模糊，达到突出歌词的效果。
>
> 在分割歌曲音频时，除了要参考视频长度，还需要参考歌曲的完整性，让歌曲听起来更加连贯，所以歌曲可以稍微比视频长一点。

▶ **拓展练习7：批量修改字幕**

实例034主要是为了告诉读者如何自动添加歌词字幕，但是没有任何字体样式和颜色的设计会让字幕看着很单调，并且与视频看起来非常不搭配。本拓展练习将在实例034的基础上，告诉读者如何批量修改字幕，让字幕看起来更加美观和适配，效果如图3-32所示。下面介绍具体操作方法。

图 3-32

步骤04 回到实例034的编辑界面，在未选中任何素材的情况下，点击"文字"按钮 T，进入文字编辑界面，选中其中一段文字素材，点击下方工具栏中"批量编辑"按钮 ≧，如图3-33所示。进入批量编辑选项栏，点击左上角"选择"按钮，再点击"全选"按钮，如图3-34所示，然后点击下方"编辑样式"按钮 Aa。

步骤05 进入文字编辑界面，可进行字体样式的更改。字体更改如图3-35所示，点击"样式"按钮，为文字添加黑色边框，如图3-36所示。

图 3-33

图 3-34

图 3-35

图 3-36

步骤06 在样式选项框中，点击"发光"按钮，为字幕添加发光效果，设置"强度"为60、"范围"为50，如图3-37所示。再点击"动画"按钮，在入场选项栏中，点击并添加"雪光模糊"入场动画效果，如图3-38所示。

图 3-37

图 3-38

步骤07 完成上述步骤后，即可点击右上角"导出"按钮，将视频保存至相册。

3.3 编辑视频字幕

例 035 花字效果：制作趣味综艺字幕

在观看综艺节目时，经常可以看到跟随情节跳出的彩色花字，这些字幕往往都恰到好处，为节目增添了更有趣的效果。剪映中为用户提供了许多不同样式的花字效果，学会合理利用这些花字，可以让视频呈现更好的视觉效果。本实例将为一个女生的出场视频添加字幕，向读者介绍关于综艺花字的具体使用方法，效果如图 3-39 所示。下面介绍具体操作方法。

扫描看视频

图 3-39

步骤01 打开剪映 APP，在主界面点击"开始创作"按钮，进入素材添加界面，选择"素材 .mp4"，点击右下方"导入"按钮，进入剪辑界面。

步骤02 将时间线移动至人物定格处，根据实例 030 介绍的内容添加人物介绍文案。

步骤03 输入文字后是系统默认设定，看起来非常单调并且不协调，可以通过更改字体、样式等达到合适效果。点击"文字模板"按钮，点击"气泡"按钮为文案添加一个可爱的文字框，如图 3-40 所示。最后再点击花字，字体样式更改如图 3-41 所示。人物定格处文案则添加完毕。

> **提示**
> 通过文字模板更改文字样式后，字体会自动更改。若示例中的字体未能满足需求，读者可以自由在应用文字模板之后，通过"字体"选项进一步定制字体样式，同时，"气泡"框将被保留。

图 3-40　　　　　图 3-41

步骤04 本实例"素材 .mp4"还包含了歌曲，可以根据例 034 的步骤，为本视频添加字幕，同时使用"花字"功能，让视频看起来更加清新可爱。

步骤05 进入文字编辑界面，点击"识别歌词"按钮，自动识别"素材 .mp4"中的歌词，如图 3-42 所示。选中一段文字素材，对歌词文案进行批量编辑，将字体改为"温柔体"，花字样式更改如图 3-43 所示。

步骤06 同时也可根据自己需求，将部分歌词字幕修改，取消选中"应用到所有字幕"单选按钮，根据上述步骤操作方法将文案"1、2、3"放大，并且移动至预览区画面的中间位置。

第 3 章 │ 制作短视频字幕

图 3-42

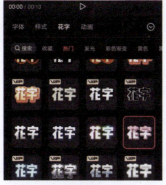

图 3-43

步骤 07 完成上述操作后，即可点击右上角"导出"按钮将视频保存至相册。

例 036 字幕动画：制作卡拉 OK 字幕

使用剪映的"卡拉 OK"文字动画，可以制作出与真实卡拉 OK 一样的字幕效果。歌词字幕会根据音乐节奏，一个字一个字地变换颜色。本实例将为读者介绍如何使用"卡拉 OK"文字动画，为一段音乐视频制作动感歌词字幕，效果如图 3-44 所示。下面介绍具体操作方法。

扫描看视频

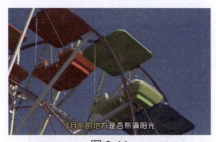

图 3-44

步骤 01 打开剪映 APP，在主界面点击"开始创作"按钮，进入素材添加界面，选择"素材 .mp4"，点击右下方"导入"按钮，进入剪辑界面。

步骤 02 在未选中任何素材的状态下，点击下方工具栏中"文字"按钮，进入文字编辑选项栏，点击工具栏中的"识别歌词"按钮，如图 3-45 所示，进入识别歌词选项栏，点击下方红色"开始匹配"按钮，如图 3-46 所示。等待一段时间后，字幕则添加成功。

图 3-45

图 3-46

步骤 03 字幕添加成功后，选中一段文字素材，点击"编辑"按钮，由于是自动识别字幕，所以系统会自动选中"应用到所有字幕"按钮，将这一段文字素材编辑成功后，其余字幕将自动进行同步修改。在字体选项栏中选择"雅酷黑简"字体，如图 3-47 所示。点击切换至"样式"选项栏，将"字号"设置为 5，如图 3-48 所示。

图 3-47

47

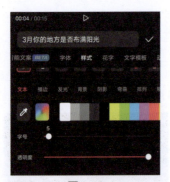

图 3-48

步骤04 点击"排列"按钮,将"字间距"设置为2,如图 3-49 所示。点击切换至"动画"选项栏,选择入场中的"卡拉 OK"效果,将动画时长滑块拉动至最大值,并将颜色设置为黄色。完成后点击"确认保存"按钮☑,如图 3-50 所示。

图 3-49

图 3-50

步骤05 完成上述操作后,即可点击右上角"导出"按钮,将视频保存至相册。

例 037 跟踪功能:制作字幕跟踪特效

剪映跟踪功能可将文本或图形与视频对象关联,随视频运动移动、缩放或旋转,保持同步,无须手动添加 关键帧,使视频剪辑更快捷。本实例将使用剪映跟踪功能,为正在行驶的小汽车添加一段文字和贴纸素材,效果如图 3-51 所示。下面介绍具体操作方法。

图 3-51

步骤01 打开剪映 APP,在主界面点击"开始创作"按钮,进入素材添加界面,选择"素材.mp4",点击右下方"导入"按钮,进入剪辑界面。

步骤02 将时间线移动至 18f 左右的位置,添加文案,进入文字编辑框,点击"文字模板"按钮,再选择下方选项框中的"气泡"选项,选择一个气泡框模板,并在文本框中输入文案,如图 3-52 所示。完成上述操作后,点击"确认"按"保存"按钮☑。选中文字素材,在下方工具栏中点击"跟踪"按钮,如图 3-53 所示。

图 3-52

图 3-53

第 3 章 │ 制作短视频字幕

步骤 03 点击"跟踪"按钮◎后，进入跟踪编辑界面。预览区中黄色圆圈即跟踪目标对象选项框，可在预览区中用单指拖动黄色圆圈和黄色圆圈"大小调节"按钮调节黄色圆圈的位置和大小。首先拖动黄色圆圈将圆圈中心的黄点对准目标汽车中心位置，然后长按"拖动"按钮，调整圆圈大小和形状，固定在目标汽车周围，调整完成后，点击下方选项框中红色"开始跟踪"按钮，如图 3-54 所示。等待一段时间，跟踪效果即完成。

图 3-56

图 3-54

图 3-57

步骤 04 同时还可以为目标汽车添加一个红色圆圈边框贴纸，用同样的方法跟踪目标汽车，让画面重点更集中。进入文本编辑界面，点击下方工具栏中"添加贴纸"按钮◎，如图 3-55 所示。为了更精准地找到相应贴纸素材，在搜索框中输入"红色圆圈"，在搜索出来的界面找到并点击相应贴纸，即添加成功，如图 3-56 所示。在预览区单指移动贴纸素材，并用双指将贴纸放大，让贴纸素材可以包裹住目标汽车，如图 3-57 所示。

步骤 05 贴纸添加成功后，参照步骤 02 的方法，为贴纸素材添加跟踪功能。

步骤 06 完成上述操作后，还可以为该视频添加有趣的背景音乐。点击"音频"按钮♪，进入音乐库，找到相关的音乐并点击"使用"按钮添加即可。

步骤 07 完成所有操作后，即可点击右上角"导出"按钮，将视频保存至相册。

▶▶ 拓展练习 8：简约高级感字幕排版

第 3 章的内容也即将学习完毕，在本章结尾，将和读者一起制作一个简约高级感字幕排版，巩固本章所学内容，效果如图 3-58 所示。下面介绍具体操作方法。

扫描看视频

图 3-55

图 3-58

步骤01 打开剪映 APP，在主界面点击"开始创作"按钮，进入素材添加界面，选择"素材.mp4"，点击右下方"导入"按钮，进入剪辑界面。

步骤02 将时间线移动至 00:02:18 的位置，在未选中任何素材的状态下，点击下方工具栏中"文字"按钮，再点击"新建文本"按钮，如图 3-59 所示。在文本框中输入文案"小夜曲"，点击"字体"按钮，选择"思源中宋"，如图 3-60 所示。

图 3-61　　　　　图 3-62

步骤04 选中文字素材，在下方工具栏中点击"动画"按钮，进入动画选择界面，入场动画选择"向右模糊Ⅱ"，如图 3-63 所示，出场动画选择"渐隐"，如图 3-64 所示。添加完成后即可回到未选择任何素材的状态。

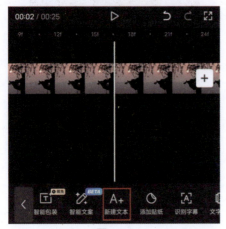

图 3-59

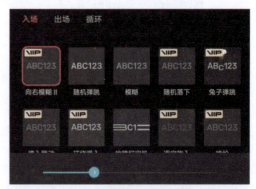

图 3-63

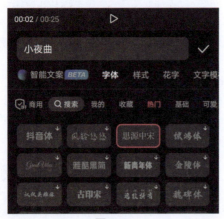

图 3-60

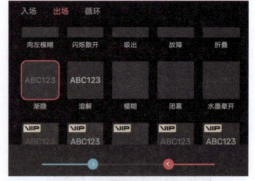

图 3-64

步骤03 在预览区将文案"小夜曲"移动至"素材.mp4"预览区画面左下角，进入文字编辑界面，点击"样式"按钮，在文本框中选中第一个字"小"，将"字号"调整至 38，如图 3-61 所示，这样就可以调整一段文字中单个字体大小了。用同样的方法将"夜"的"字号"调整为 20、"曲"的"字号"调整为 15。调整完成后点击"阴影"按钮，设置颜色为黑色、"透明度"为 96%、"模糊度"为 33%、"距离"为 6、"角度"为 -25°，如图 3-62 所示。完成后点击编辑框右上角保存设置按钮。

步骤05 根据上述步骤添加文字 Serenade，字体为 BlackMsngo-Rg，文字颜色为黑色，入场动画为"水墨晕开"，出场动画为"渐隐"，设置成功后，在预览框将文字缩小，放置在"小夜曲"的下方。

步骤06 根据同样的步骤，添加文字"#Franz Schubert"，字体为 Wonder，点击"样式"按钮，需将"透明度"调整至 50%，如图 3-65 所示。调整完成后，为该文字添加动画效果，入场动画为"水墨晕开"，出场动画为"渐隐"，设置完成后即可回到视频编辑界面。

图 3-65

步骤07 选中第三段文字素材"#Franz Schubert"，点击工具栏中的"层级"按钮，如图 3-66 所示。在层级编辑框中，将该文字素材移动至底部，将第二段文字素材 Serenade 移动至第二层，如图 3-67 所示。

步骤08 调整完成后，在预览区调整三段文字的大小和位置。

步骤09 完成上述操作后，可以添加一个"高级感线条"贴纸素材，让画面看起来更加丰富和谐，如图 3-68 所示。添加"高级感线条"贴纸后，同样需要为贴纸添加动画效果，设置入场动画为"缩小"、出场动画为"渐隐"。

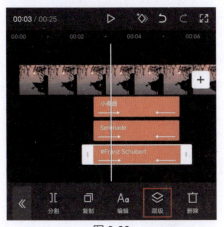

图 3-66

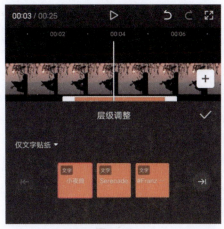

图 3-67

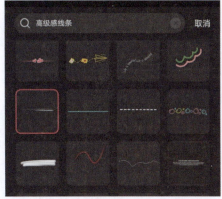

图 3-68

步骤10 添加成功后，在预览区调整贴纸位置和大小，并修改层级，置于第二段文字素材 Serenade 下方。

步骤11 完成所有操作后，即可点击右上角"导出"按钮，将视频保存至相册。

第4章 制作视频转场和特效

在视频中，转场是将一个场景顺畅地过渡到另一个场景的重要技巧之一。合理应用转场效果能够使画面的衔接更加自然，"看不见"的转场能够使观众忽略剪辑的存在，更加沉浸于故事之中，而"看得见"的转场能够使画面看起来更为酷炫，给观众留下深刻的印象。本章将详细介绍转场的使用场合和应用方法。

4.1 无技巧转场

转场主要分为两种，即技巧转场和无技巧转场，本节着重介绍无技巧转场。无技巧转场指的是用镜头的自然过渡来连接上下两段内容，强调视觉的连续性。如果要使用无技巧转场，需要注意寻找合理的转换因素，做好前期的拍摄准备。

例 038　特写转场：制作古风茶艺短片

特写镜头一般用来表示事物的细节，同时具有空间方位不明确的特点，可以作为转场，用来过渡两个不同的场景，以此吸引观众的注意力，使画面不知不觉中转换到另一个时空，过渡更加自然。本实例将制作一个古风茶艺短片，效果如图4-1所示，向读者介绍如何使用特写转场。下面介绍具体操作方法。

图 4-1

步骤01 预览素材，了解本案例素材景别，为后期剪辑做准备。打开剪映APP，在主界面点击"开始创作"按钮+，进入素材添加界面，按照顺序添加相应素材视频，点击右下方"导入"按钮，进入剪辑界面。

步骤02 确定视频情节的顺序，并按顺序排列。人物全景镜头"茶艺1.mp4"放置在第一段，"茶艺1.mp4"展示这是一段沏茶视频。同时在人物拿起茶勺后切换第二段素材，装有茶叶的茶勺特写"茶艺2.mp4"。第三段放置全景人物拿起装了茶叶的茶勺闻并准备放茶叶的"茶艺3.mp4"。在人物准备放茶时切换下一个场景，再在第四段放置倒茶叶的特写"茶艺4.mp4"。在第五个场景放置泡茶的中景"茶艺5.mp4"。在第六段放置沏茶完成后，倒茶水的近景"茶艺6.mp4"。这样一段沏茶视频就简单地交代清楚了。具体步骤如图4-2所示。

第 4 章 | 制作视频转场和特效

图 4-2

镜头后一段为女生手中油菜花花瓣散落的特写"空镜素材 6.mp4"。三个镜头说明此视频为在春季赏油菜花的旅游 Vlog，如图 4-4 所示。

图 4-4

步骤 03 完成上述步骤，可以在开头为视频添加一个标题和背景音乐。

步骤 04 完成所有操作后，即可点击右上角"导出"按钮，将视频保存至相册。

例 039 空镜转场：制作旅拍 Vlog

镜头画面中一般为风景、建筑、街景、人群等，没有出现特定的人物的镜头被称为空镜头。这类镜头经常被放置在两个镜头之间作为转场过渡。本实例将制作一个女生在油菜花田游玩的 Vlog 视频，如图 4-3 所示，将利用空镜头转场进行场景的切换。下面介绍具体操作方法。

图 4-3

步骤 01 预览素材，了解本案例素材景别，为后期剪辑做准备。打开剪映 APP，在主界面点击"开始创作"按钮 +，进入素材添加界面，按照顺序添加相应素材视频，点击右下方"导入"按钮，进入剪辑界面。

步骤 02 确定视频情节的顺序，并按顺序排列。本实例选择的空镜头为油菜花"空镜素材 5.mp4"，"空镜素材 5.mp4"的前一段放置的是油菜花丛中一个女生伸懒腰的全景"空镜素材 4.mp4"，油菜花空

步骤 03 完成视频素材的剪辑后可以添加文案和背景音乐，让视频内容更加丰富。

步骤 04 完成所有步骤，即可点击右上角"导出"按钮将视频保存至相册。

例 040 声音转场：制作美食宣传短片

转场除了画面与画面之间的衔接，还可以做到声音与声音之间的衔接，声音转场可以让视频更加生动和自然。

☐ 第一种，基础的声音转场是在两个视频素材中加入一些音效达到两个画面的衔接和过渡，这类音效一般是指 Whoosh 音效。

☐ 第二种，使用 J-cut 或 L-cut，也被称为声音的前置或后置，J-cut（声音前置）就是当第一段素材还没有结束就已经出现了第二段素

53

材的声音，随后出现第二段素材；L-cut（声音后置）则是第一段素材的声音延续到了第二段素材。

- 第三种，利用声音的强烈对比进行转场，一段素材音量较大，环境音较为嘈杂，一段素材音量较小，环境音较为安静，让整体视频戏剧性更强。
- 第四种，相似音转场，例如键盘的敲击声和连续的枪机声，利用两个声音的相似性进行情节的转换，尽管两个场景有很大的区别，但通过相似的背景音效，可以实现一段音频的连贯过渡，使得观众更加自然地过渡到不同的环境中。
- 第五种，声音重叠。在两个场景的交界处，让第一段素材的音频延续到后一段素材画面并与其音频重叠一段时间，以缓解转场的突兀感，使得转场更加平滑。

本实例制作一个夜市美食宣传短片，如图4-5所示，将用到声音重叠和J-cut方法，简单介绍如何使用声音转场。下面介绍具体操作方法。

图4-5

步骤01 预览素材，了解本案例素材景别，为后期剪辑做准备。打开剪映APP，在主界面点击"开始创作"按钮+，进入素材添加界面，按照顺序添加相应素材视频，点击右下方"导入"按钮，进入剪辑界面。

步骤02 确定视频情节的顺序，并按"素材1.mp4"~"素材8.mp4"的顺序排列。将时间线移动至"素材4.mp4"的位置，点击"音频"按钮，再点击"音效"按钮，在文本框搜索并添加"路边大排档忙乱车音"和"城市街道汽车喇叭声"音效，将两段音频对齐，并延长至下一段素材的开头，点击"淡入淡出"按钮，两段音频淡出时长调节为1s。

步骤03 然后将时间线移动至"素材5.mp4"的开头位置，添加"炒菜 烹饪 翻锅 厨房"音效。并将其延长至"素材6.mp4"的开头，并调节淡出时长为0.3s，重叠音效即完成，具体如图4-6所示。

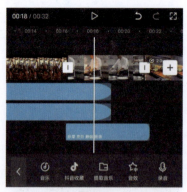

图4-6

步骤04 将时间线移动至"炒菜 烹饪 翻锅 厨房"音效将要淡出的位置，添加"烧肉烧烤"音效，时长调节至24s的位置，并调节淡出时长为0.5s。将时间线移动至"烧肉烧烤"音效的结尾，添加"饭店里嘈杂的声音"音效，在"素材7.mp4"结尾处点击"分割"按钮并将多余的部分删除，淡入时长调整为0.5s，如图4-7所示。J-cut音效转场即完成。

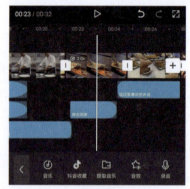

图4-7

▶▶ **拓展练习9：主观镜头转场**

主观镜头视角指镜头作为剧中人眼睛，带观众入其视角体验情感变化。主观镜头转场则通过人物视线进行场景转换，为影视剧常用转场方法，也适用于短视频剪辑，如Vlog、情景剧等，使情节更自然，增强观众代入感。

本次拓展练习制作的是一个女孩古镇游玩视频。"素材1.mp4"女孩好似在看眼前的事物，通过她的视线可以切换下一个镜头"素材2.mp4"，这个镜头可以是人或物，被称为客观镜头。这是一个古镇游玩的视频，所以女孩是在看古镇的景观，那么下一个镜头就可以放一段古镇景观的视频，如图4-8所示。

第4章 制作视频转场和特效

图 4-8

4.2 有技巧转场

有技巧的转场指的是在对视频进行后期处理时，通过剪辑软件，在素材间添加各种效果，实现转场过渡的方式。有技巧的转场匹配度不如无技巧转场高，而且剪映中还为用户提供了很多转场预设可供使用，更为便捷，大大提高了剪辑效率。

例 041 叠化转场：制作音乐 MV 视频

叠化转场用于视频剪辑，通过添加过渡效果使视频片段平滑过渡。常用转场包括雾化、闪白闪黑、叠加等，增强视频的连贯性和流畅性，使观众在不同场景间切换更自然舒适。本实例将制作一个音乐 MV 视频，将用到叠化转场的效果，效果如图 4-9 所示。下面介绍具体操作方法。

扫描看视频

图 4-9

步骤01 打开剪映 APP，在主界面点击"开始创作"按钮，进入素材添加界面，按照顺序添加相应素材视频，点击右下方"导入"按钮，进入剪辑界面。

步骤02 点击"音频"按钮后，再点击"音乐"按钮，进入音乐库，添加背景音乐，如图 4-10 所示。将音乐时长与主轨道中素材时长对齐，删除多余的部分。点击时间轴中"素材 2.mp4"与"素材 3.mp4"中间"转场"按钮，添加转场特效，如图 4-11 所示。

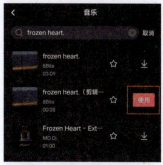

图 4-10

图 4-11

步骤03 进入转场选项框，点击"叠化"按钮，在下方选项框中点击"水墨"按钮，时长为 1s，如图 4-12 所示，确认并保存设置后，点击"素材 3.mp4"和"素材 4.mp4"中间的"转场"按钮，点击"叠化"按钮，再点击下方选项框中的"叠化"转场特效按钮，如图 4-13 所示，时长设置为 1s。确认并保持设置后，点击"素材 4.mp4"和"素材 5.mp4"中间的"转场"按钮，点击"叠化"按钮，再点击下方工具栏中"闪黑"特效按钮，时长设置为 1s，如图 4-14 所示。

图 4-12

55

图 4-13

图 4-14

步骤 04 完成上述操作后还可以根据第 3 章"识别歌词"功能的操作方法，为该视频添加一段歌词字幕，在视频开头为 MV 添加一个歌曲名，作为视频的开头，让视频看起来更加完整。

步骤 05 完成所有操作后，即可点击右上角"导出"按钮，将视频保存至相册。

例 042　光效转场：制作唯美回忆效果

　　通过使用光线、闪烁、扭曲等视觉效果来实现视频片段之间的转场效果，使得视频之间的切换更加生动和引人注目。本视频制作一个唯美回忆视频，将使用光效转场，强调"回忆"效果，效果如图 4-15 所示。下面介绍具体操作方法。

图 4-15

步骤 01 打开剪映 APP，在主界面点击"开始创作"按钮+，进入素材添加界面，按照顺序添加相应素材视频，点击右下方"导入"按钮，进入剪辑界面。

步骤 02 点击时间轴中"素材 1.mp4"与"素材 2.mp4"中间的"转场"按钮┃，点击"光效"按钮，再点击选项框中"白光快闪"按钮，时长为 0.6s，如图 4-16 所示。本实例主题为"回忆"，通过"白光快闪"转场特效直接转入回忆中，并且"白光快闪"转场特效很像相机闪光灯的效果，为了更加丰富视频内容，可以在转场处添加一个相机快门音效，让视频更有代入感，如图 4-17 所示。

图 4-16

图 4-17

步骤 03 完成上述步骤后，可以为视频添加背景音乐和文案，让视频内容更加丰富。

步骤 04 完成所有操作后，即可点击右上角"导出"按钮，将视频保存至相册。

例 043　运镜转场：制作动感健身视频

　　运镜转场通过相邻镜头运动实现流畅自然的过渡效果，包括移动、旋转、缩放等，以及轨迹和速度变化。剪映提供一键添加运镜特效转场，使视频剪辑更快捷。本实例将制作一个动感健身视频，如图 4-18 所示，介绍如何使用运镜转场。下面介绍具体操作方法。

第 4 章 | 制作视频转场和特效

图 4-18

图 4-21

步骤01 打开剪映 APP，在主界面点击"开始创作"按钮+，进入素材添加界面，按照顺序添加相应素材视频，点击右下方"导入"按钮，进入剪辑界面。

步骤02 确定视频情节的顺序，并按顺序排列。点击"音频"按钮♪后，再点击"音乐"按钮♫，进入音乐库，添加合适的背景音乐，如图 4-19 所示，确保与视频内容和节奏相匹配，将背景音乐时长与视频时长对齐。

图 4-19

步骤03 添加完背景音乐后，点击时间轴中"素材 3.mp4"与"素材 4.mp4"中间"转场"按钮|，添加转场特效，如图 4-20 所示。进入转场选项框，点击"运镜"按钮，再点击下方选项框中的"收缩抖动"转场特效，时长设置为 1.5s，如图 4-21 所示。

图 4-20

步骤04 确认并保存设置后，点击"素材 6.mp4"和"素材 7.mp4"中间"转场"按钮|，点击"运镜"按钮，再点击下方选项框中的"摇镜"转场特效，时长设置为 1.4s，如图 4-22 所示。

图 4-22

步骤05 确认并保持设置后，点击"素材 7.mp4"和"素材 8.mp4"之间的"转场"按钮|，点击"运镜"按钮，再点击下方工具栏中"下滑"转物特效，时长设置为 1.1s，如图 4-23 所示。

图 4-23

步骤06 确认并保持设置后，点击"素材 9.mp4"和"素材 10.mp4"之间的"转场"按钮|，点击"运镜"按钮，再点击下方工具栏中"竖移模糊"转场特效，时长设置为 1.1s，如图 4-24 所示。

57

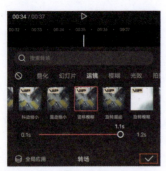

图 4-24

步骤 07 完成上述操作，即可点击右上角"导出"按钮将视频保存至相册。

▶▶ 拓展练习 10：一键在所有片段之间添加转场效果

当素材视频过多，需要转场的内容可以保持一致时，就可以应用剪映的"应用全局"功能。无须一个一个去添加转场，让视频剪辑变得更加便捷。本次拓展练习将制作一个旅游视频，如图 4-25 所示，配合音乐节奏，将会放置多张照片，以此向读者介绍，如何一键在所有片段之间添加转场效果。下面介绍具体操作方法。

图 4-26

步骤 04 完成上述操作，即可点击右上角"导出"按钮，将视频保存至相册。

> **提示**
>
> 转场的添加有时长要求，当素材时长过短时，无法添加转场。例如本次拓展练习第二部分的图片切换，为了配合节奏的变换，素材切换得非常快，一张图片素材时长不超过 1s，所以无法添加转场。添加转场的目的是配合整体视频效果，所以不用过多地添加转场，要考虑转场是否适配视频，适当为佳。

4.3 为视频添加特效

特效是短视频制作中不可缺少的要素之一，特效能够制作很多意想不到的画面效果，带给观众独特的视觉感受。本节将通过几个简单的实例，介绍剪映中特效的基础使用方法，为视频增添更好的视觉效果。

例 044　画面特效：制作雪景特效

剪映特效功能齐全，解决特效剪辑问题。合理使用特效表达主题情感，提升观众体验，使视频生动有趣。本例制作雪景特效视频，介绍添加和应用特效的方法，效果如图 4-27 所示。下面介绍具体操作方法。

图 4-25

步骤 01 打开剪映 APP，在主界面点击"开始创作"按钮，进入素材添加界面，按照顺序添加相应素材视频，点击右下方"导入"按钮，进入剪辑界面。

步骤 02 排列好素材顺序后，将时间线移动至"素材 2.mp4"开头，点击"音频"按钮后，再点击"音乐"按钮，进入音乐库，添加合适的卡点背景音乐，确保与视频内容和节奏相匹配，将背景音乐与视频结尾位置对齐。

步骤 03 点击"素材 1.mp4"和"素材 2.mp4"之间的"转场"按钮。在"幻灯片"选项中，点击下方选项框中"上移"转场特效，时长设置为 0.2s，如图 4-26 所示。再点击左下角"应用全局"按钮，该转场效果即应用至全部视频素材。

第4章 | 制作视频转场和特效

图 4-27

图 4-29

步骤01 打开剪映APP，在主界面点击"开始创作"按钮➕，进入素材添加界面，选择"素材.mp4"，点击右下方"导入"按钮，进入剪辑界面。在未选中任何素材的状态下，将时间线移动至18f的位置，点击下方工具栏中"特效"按钮，进入"特效"选项栏，在其中点击"画面特效"按钮，如图4-28所示。

图 4-30

步骤04 完成上述步骤后，为"素材.mp4"添加文案和背景音乐，让视频内容更加丰富。

步骤05 完成所有步骤后，即可点击右上角"导出"按钮，将视频保存至相册。

例 045 人物特效：制作大头特效

扫描看视频

在制作一些短视频时，使用剪映的人物特效功能，可以改变视频中人物的外观、表现效果，增强视频观赏性和吸引力。本实例将制作一个女生苦恼的大头特效视频，简单介绍如何使用剪映的人物特效功能，效果如图4-31所示。下面介绍具体操作方法。

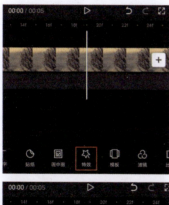

图 4-28

图 4-31

步骤02 在文本框中搜索"雪"，在搜索结果界面点击"大雪纷飞Ⅱ"特效，如图4-29所示，雪景特效即制作完成。

步骤03 添加一个"六边形变焦"特效，放置在"大雪纷飞Ⅱ"特效前面，可以让视频开头更加自然，如图4-30所示。

步骤01 打开剪映APP，在主界面点击"开始创作"按钮➕，进入素材添加界面，选择"素材.mp4"，

59

点击右下方"导入"按钮，进入剪辑界面。

步骤02 在未选中任何素材的状况下，将时间线移动至预览区画面中女生叹气的位置，点击下方工具栏中"特效"按钮，再点击"人物特效"按钮，如图 4-32 所示。

图 4-32

步骤03 在人物特效选项框中点击"大头"特效，如图 4-33 所示，点击"调整参数"按钮，将"速度"调整为 30、"范围"调整为 55、"强度"调整为 33，如图 4-34 所示。

图 4-33

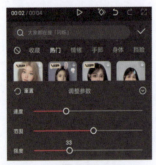

图 4-34

步骤04 完成上述操作后，调整特效时长，拖动时间轴中特效素材右边白色边框按钮，移动至 00:03 的位置，如图 4-35 所示。然后在有大头特效处添加文案，表达人物情绪，如图 4-36 所示。

图 4-35

图 4-36

步骤05 完成上述操作后，为"素材.mp4"添加一个背景音乐和叹气特效，从听觉上丰富视频内容。

步骤06 完成所有操作后，即可将视频保存至相册。

例 046 图片玩法：制作时空穿越效果

剪映目前自带的特效功能都很强大，图片玩法功能还可以一键生成视频特效效果，让静态的图片动起来。
扫描看视频

本实例将制作一个时空穿越视频，介绍如何使用图片玩法功能，效果如图 4-37 所示。下面介绍具体操作方法。

图 4-37

第 4 章 | 制作视频转场和特效

步骤 01 打开剪映 APP，在主界面点击"开始创作"按钮+，进入素材添加界面，添加相应图片素材"素材.jpg"，点击右下方"导入"按钮，进入剪辑界面。

步骤 02 在未选中任何素材的状态下，点击下方工具栏中"特效"按钮，如图 4-38 所示，再点击"图片玩法"按钮，如图 4-39 所示。

拓展练习 11：使用"抖音玩法"制作丝滑变速效果

剪映的"抖音玩法"功能中丝滑变速功能可以一键达成动感舞蹈变速效果，本次拓展练习将制作一个女生跳舞的动感视频，介绍如何使用"抖音玩法"，效果如图 4-41 所示。下面介绍具体操作方法。

扫描看视频

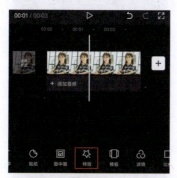

图 4-38

图 4-39

步骤 03 进入"图片玩法"选项框，点击"时空穿越"按钮，等待一段时间后，便可生成时空穿越效果，如图 4-40 所示。

图 4-40

步骤 04 完成上述操作后，为视频添加一个合适的背景音乐。

步骤 05 完成所有操作后，即可点击右上角"导出"按钮将视频保存至相册。

图 4-41

步骤 01 打开剪映 APP，在主界面点击"开始创作"按钮+，进入素材添加界面，选择"素材.mp4"，点击右下方"导入"按钮，进入剪辑界面。

步骤 02 在未选中任何素材的状态下，添加背景音乐，并添加节拍点，如图 4-42 所示。在第 2 个节拍点位置选中"素材.mp4"，并点击"分割"按钮，如图 4-43 所示。

图 4-42

图 4-43

61

步骤03 选中"素材.mp4"分割后的右边视频素材，点击"调节"按钮，点击"暗格"按钮，并调整为20，如图4-44所示。选中"素材.mp4"分割后的右边素材，点击下方工具栏中的"抖音玩法"按钮，进入抖音玩法选项框，点击"丝滑变速"按钮，如图4-45所示。丝滑变速效果则添加完成。

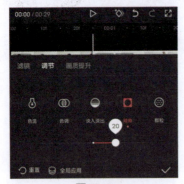

图 4-44

图 4-45

步骤04 添加完成后，将时间线移动至第2个节拍点位置，在未选中任何素材的状态下，点击下方工具栏中的"调节"按钮，再点击"新增调节"按钮，进入"调节"选项框，点击"亮度"按钮，并点击"确认"按钮则可以添加调节素材框，如图4-46所示。

图 4-46

步骤05 将时长缩小至最小，与"震动"特效时长一致。选中调节素材，使用三帧法，在调节素材开头添加一个关键帧，在结尾添加一个关键帧，在调节素材中间添加一个关键帧。选中调节素材，将时间线移动至中间关键帧位置，并点击"编辑"按钮，将"亮度"和"光感"均调整至34，如图4-47所示。

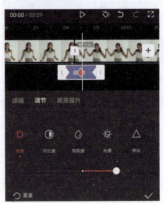

第 4 章 | 制作视频转场和特效

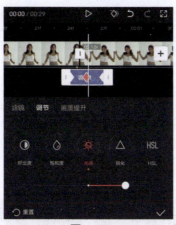

图 4-47

图 4-49

步骤06 调整完成后，选中调节素材，并点击下方工具栏中"复制"按钮，同样复制到每一个节拍点下方，如图 4-48 所示。

步骤08 完成上述步骤后，将时间线移动至开头，点击"特效"按钮，再点击"画面特效"按钮，进入画面特效选项框，选择并点击添加"蹦迪光"特效，如图 4-50 所示，添加完成后将时长调整至与第一段素材时长一致。将时间线移动至第二段素材开头位置。点击"特效"按钮，再点击"画面特效"按钮，在画面特效选项框中选择并点击添加"柔光"特效，如图 4-51 所示，将"柔光"特效时长与"素材.mp4"分割后第二段素材时长对齐。

图 4-48

步骤07 为了让视频效果更好，在添加"丝滑变速"效果后，在未选中任何素材的状态下，将时间线移动至第 2 个节拍点位置，点击"特效"按钮，添加画面特效"震动"。添加完成后，拖动时间轴中特效素材白色边框，将素材时长调整为最小。点击"复制"按钮，在每个节拍点下都放置"震动"特效，如图 4-49 所示。

图 4-50

图 4-51

步骤09 完成所有操作后，即可点击右上角"导出"按钮，将视频保存至相册。

第 5 章 视频抠像与合成

剪映的抠像与合成功能是视频剪辑中非常常用的工具。在进行一些创意性视频剪辑时,这两个功能必不可少。运用好这两个工具我们可以做一些基础特效,并且可以让我们的视频更加精致美观。本章将继续通过实例讲解的方式介绍如何使用这两个功能,让读者能快速上手。运用好这两个工具,做出自己需要的视频。

5.1 视频合成

例 047 画中画:制作多屏显示效果

视频剪辑常需同时展示多个画面,可使用剪映的画中画功能。此功能允许叠加多个画面,使它们同时展示,广泛应用于视频编辑软件,为创作者提供更多创意空间。本实例将制作多屏显示效果,介绍如何运用画中画功能基础用法,效果如图 5-1 所示。下面介绍具体操作方法。

扫描看视频

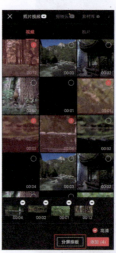

图 5-2

图 5-3

图 5-1

步骤01 打开剪映 APP,在主界面点击"开始创作"按钮➕,进入素材添加界面,选中"素材 1.mp4""素材 2.mp4""素材 3.mp4""素材 4.mp4",点击右下方"分屏排版"按钮,进入分屏编辑界面,如图 5-2 所示。

步骤02 点击下方"比例"按钮▣,将画面比例调整为 16:9,如图 5-3 所示。再点击"布局"按钮▣,拖动下方工具栏,移动至末尾,点击最后一个分屏布局选项,点击预览区画面框可以对画面进行更改,长按预览区画面框可以调整画面布局位置,将画面布局调整至图 5-4 所示。

图 5-4

步骤03 完成上述操作后,点击右上方"导入"按钮,进入视频编辑界面。在音乐库中,选择一段合适的卡点背景音乐,如图 5-5 所示。添加完成后,选中音频素材,在下方工具栏中,点击"节拍"按钮▣,添加节拍点,如图 5-6 所示。

步骤 05 完成上述操作后，选中时间轴主轨道中"素材 1.mp4"，点击下方工具栏中"动画"按钮，选择入场动画"渐显"，时长为 1s，如图 5-9 所示；选中画中画轨道中的"素材 2.mp4"，选择动画"快速翻页"，时长为 0.2s，如图 5-10 所示；选中画中画轨道中的"素材 3.mp4"，选择动画"向上滑动"，时长为 0.5s，如图 5-11 所示；选中画中画轨道中的"素材 4.mp4"，选择动画"轻微抖动Ⅱ"，时长为 0.5s，如图 5-12 所示。

图 5-5

图 5-9

图 5-6

步骤 04 添加背景音乐后，在未选中任何素材的状态下，点击下方工具栏中"画中画"按钮 ▣，如图 5-7 所示，进入画中画编辑界面，即可看到画中画轨道中全部素材，根据节拍点调整画中画素材时长、大小和位置，如图 5-8 所示。将所有视频结尾与第 5 个节拍点对齐。

图 5-10

图 5-7

图 5-11

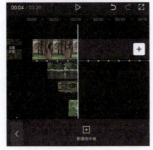

图 5-8

图 5-12

步骤06 完成上述操作后，将时间线移动至"素材1.mp4"结尾，点击时间轴中"素材添加"按钮+，添加"素材5.mp4""素材6.mp4"和"素材7.mp4"至主视频轨道中，"素材5.mp4""素材6.mp4"为4个节拍点，"素材7.mp4"为5个节拍点，将所有视频与节拍点对齐，将时间线移动至第15个节拍点的位置，选中音频素材，进行分割，将多余的部分删除，具体如图5-13所示。

图5-14

图5-13

步骤07 完成上述步骤后，将时间线移动至第2个节拍点的前方，在未选中任何素材的状态下，点击"文本"按钮，按照第3章内容为该视频设计一个片头标题。根据第4章内容，在"素材5.mp4"的开头位置添加一个"菱形变焦"特效，让视频内容看起来更加丰富更有吸引力。

步骤08 完成所有步骤后，即可点击右上方"导出"按钮，将视频保存至相册。

> **提示**
> 为了让视频色调看起来更统一，还可以点击下方工具栏中"滤镜"按钮，为该视频添加一个滤镜，让画面看起来更干净美观。

例 048 蒙版：制作天空翻转效果

蒙版又被称为遮罩。在剪辑视频时，有时只需要显示画面的某部分，这时就需要用到蒙版功能。蒙版是视频剪辑中非常实用的一项功能。本实例将使用蒙版中的"线性"蒙版制作一个天空反转的视频，效果如图5-14所示。下面介绍具体操作方法。

步骤01 打开剪映APP，在主界面点击"开始创作"按钮+，进入素材添加界面，选择"素材.mp4"，点击右下方"导入"按钮，进入剪辑界面。

步骤02 在未选中任何素材的状态下，点击下方工具栏中"比例"按钮，选择画面比例为4:3，如图5-15所示。再选中"素材.mp4"，点击下方工具栏中的"编辑"按钮，点击"裁剪"按钮，将素材视频画面上端一部分裁剪，如图5-16所示。

图5-15　　图5-16

步骤03 将上述设置确认并保存后，回到视频编辑界面，单指选中预览区画面素材，将画面素材移动至预览区最下方位置，如图5-17所示，选中"素材.mp4"，点击工具栏中的"复制"按钮，复制成功后，选中复制的"素材.mp4"，点击工具栏中的"切画中画"按钮，复制的"素材.mp4"会放置在时间轴中主视频轨道的下方，将复制的"素材.mp4"与原"素材.mp4"对齐，如图5-18所示。

步骤04 选中画中画轨道中复制的"素材.mp4"，在下方工具栏中点击"编辑"按钮，再点击"旋转"

按钮🔄，将画面旋转 180°，单指移动预览区中画中画画面，将画面移动至预览区上方位置，如图 5-19 所示。

图 5-17　　　　图 5-18

图 5-19

步骤 05 确认并保存效果后，退出编辑框，在工具栏中点击"蒙版"按钮◉，如图 5-20 所示，选择"线性"蒙版，如图 5-21 所示。

图 5-20

图 5-21

步骤 06 点击"调整参数"按钮，点击"旋转"按钮，将角度调整为 180°，如图 5-22 所示，再点击"羽化"按钮，将"羽化"调整为 23，如图 5-23 所示。

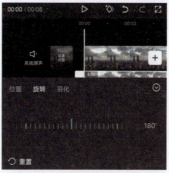

图 5-22

图 5-23

步骤 07 根据同样的方法，选中时间轴主轨道中的"素材.mp4"，点击"蒙版"按钮◉，再点击"线性"蒙版，"旋转"调整为 180°，"羽化"调整为 34。

步骤 08 点击预览区画面框，适当调节画面位置，让画面更美观。

步骤 09 调整完成后，可以为该视频添加适配的文案和背景音乐，让视频内容更加丰富。

步骤 10 完成所有操作后，即可点击右上方"导出"按钮，将视频保存至相册。

例 049 混合模式：制作水墨古风视频

混合模式不仅在 Photoshop 中广泛使用，视频剪辑中也常会用到混合模式功能。剪映为用户提供了多种视频混合模式，充分利用混合模式，可以制作出更精美自然的视频效果。本实例将利用混合模式功能制作一个水墨古风开场效果，效果如图 5-24 所示。下面介绍具体操作方法。

图 5-24

步骤 01 打开剪映 APP，在主界面点击"开始创作"按钮 +，进入素材添加界面，添加"人物素材（1）.mp4"~"人物素材（3）.mp4"，点击右下方"导入"按钮，进入剪辑界面。

步骤 02 在未选中任何素材的状态下，添加一首合适的背景音乐。将时间线移动至开头位置，点击下方工具栏中的"画中画"按钮，如图 5-25 所示，再点击"新增画中画"按钮，如图 5-26 所示。进入素材添加界面，添加需要的"水墨素材.mp4"。

步骤 03 添加"水墨素材.mp4"后，由于预览区中画面小于主轨道视频素材"人物素材（1）.mp4"，双指选中预览区中"水墨素材.mp4"画面，将其放大，覆盖住主轨道"人物素材（1）.mp4"。选中"水墨素材.mp4"，点击下方工具栏中"混合模式"按钮，如图 5-27 所示，选择"滤色"选项，如图 5-28 所示。

图 5-25

图 5-27

图 5-28

步骤 04 由于主视频轨道"人物素材（1）.mp4"中的人物位于左侧，而滤色成功后的"水墨素材.mp4"显示"人物素材（1）.mp4"画面为右侧，所以选中"水墨素材.mp4"，点击下方工具栏中"编辑"按钮，点击"镜像"按钮，这样预览区中"人物素材（1）.mp4"的人物画面将会显现出来，如图 5-29 所示。

图 5-26

第 5 章 视频抠像与合成

图 5-29

步骤 05 水墨开场效果制作完成后，点击"人物素材（1）.mp4"和"人物素材（2）.mp4"中间"转场"按钮，添加转场素材"雾化"，时长为 1.2s，如图 5-30 所示。为了让转场过渡更加丝滑，将时间线移动至 00:04 左右位置，选中"水墨素材.mp4"，点击"分割"按钮，将多余素材删除，如图 5-31 所示。

图 5-30

图 5-31

步骤 06 点击"人物素材（2）.mp4"和"人物素材（3）.mp4"中间"转场"按钮，添加转场"闪黑"，时长为 1.2s，如图 5-32 所示。为了让画面更加美观、有氛围感，在未选中任何素材的情况下，点击"滤镜"按钮，选中并添加滤镜"繁花璀璨"，如图 5-33 所示。

图 5-32

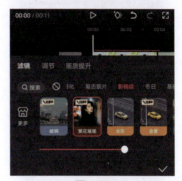

图 5-33

步骤 07 由于开头"水墨素材.mp4"留白处偏多，为了不让画面过于单调，在空白位置添加文本，设计一个开头标题，让画面更有氛围感。

步骤 08 完成所有操作后，即可点击右上方"导出"按钮，将视频保存至相册。

▶▶ 拓展练习 12：制作笔刷效果开场

本次拓展练习，将在实例 049 的基础上，采用同样的混合模式方法制作一个笔刷效果开场，让读者能更熟练地使用混合模式，效果如图 5-34 所示。下面介绍具体操作方法。

扫描看视频

图 5-34

步骤 01 打开剪映 APP，在主界面点击"开始创作"按钮，进入素材添加界面，添加选择"素材.mp4"，

69

点击右下方"导入"按钮,进入剪辑界面。

步骤02 在未选中任何素材的状态下,为该视频添加一首合适的背景音乐,并将音乐时长与视频时长对齐。将时间线移动至开头位置,在未选中任何素材的状况下,点击下方工具栏中的"画中画"按钮⬛,再点击"新增画中画"按钮⬛,如图 5-35 所示。进入素材添加界面,添加需要的笔刷素材"素材笔刷.mp4"。

步骤04 完成上述操作后,通过第 3 章所学步骤,使用文字模板为该视频添加一个标题。

步骤05 完成所有操作后,即可点击右上角"导出"按钮,将视频保存至相册。

5.2 视频抠像

在视频剪辑中,抠像技术是一项至关重要的后期处理技能,它允许创作者将特定对象或人物从原始背景中分离出来,并将其放置于不同的背景之上。这一技术的应用极大地拓展了视频内容的创意空间,为视频内容的制作提供了无限可能。本节将介绍三种视频抠像的基本用法。

例 050 智能抠像:制作漫画人物出场效果

剪映的智能抠像功能,让视频编辑变得更加简单。只需几个简单的步骤,用户就可以将视频中的人物或物体从背景中分离出来,并将其放置到全新的背景中。本实例将用到智能抠像功能制作一个漫画人物出场效果视频,效果如图 5-38 所示。下面介绍具体操作方法。

图 5-35

步骤03 添加完成后,调整背景音乐素材时长,与"素材.mp4"时长对齐,将多余的背景音乐素材删除。由于预览区中画面小于"素材.mp4"预览区中的画面大小,双指选中预览区中笔刷视频素材画面,将其放大,覆盖住"素材.mp4"。选中笔刷素材,点击下方工具栏中"混合模式"按钮⬛,如图 5-36 所示,选择"滤色"选项,如图 5-37 所示。

图 5-36

图 5-38

步骤01 打开剪映 APP,在主界面点击"开始创作"按钮➕,进入素材添加界面,选择人物素材视频"素材.mp4",点击右下方"导入"按钮,进入剪辑界面。

步骤02 在未选中任何素材的状态下,将时间线移动至"素材.mp4"中女生转身微笑的位置,选中"素材.mp4",点击下方工具栏中的"定格"按钮⬛,如图 5-39 所示,将定格一张女生人物图片,调整定格图片时长为 2s。选中定格图像,点击下方工具栏中的"复制"按钮⬛,如图 5-40 所示。

第 5 章 视频抠像与合成

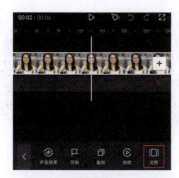

图 5-39

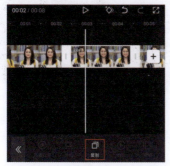

图 5-40

步骤 03 选中复制的图片素材，点击下方工具栏中的"切画中画"按钮，将复制的图片素材与定格图片素材对齐，如图 5-41 所示。选中画中画图片素材，点击下方工具栏中的"抖音玩法"按钮，如图 5-42 所示。

图 5-41

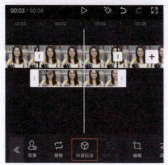

图 5-42

步骤 04 进入抖音玩法选项框，点击"场景变换"按钮，再点击下方选项框中"漫画写真"特效，如图 5-43 所示。

图 5-43

步骤 05 确认并保存设置，选中画中画素材，点击下方工具栏中"抠像"按钮，如图 5-44 所示，再点击"智能抠像"按钮，如图 5-45 所示。

图 5-44

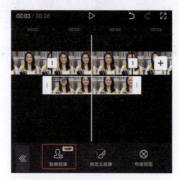

图 5-45

步骤 06 为了突出人物，在抠像完成后，点击"抠像描边"按钮，如图 5-46 所示，再点击"单层描边"按钮，设置描边颜色为白色、"大小"为 50，如图 5-47 所示。

图 5-46

图 5-49

图 5-50

步骤 09 完成上述操作后，为该视频添加一个合适的背景音乐。

步骤 10 完成所有操作后，即可点击右上角"导出"按钮，将视频保存至相册。

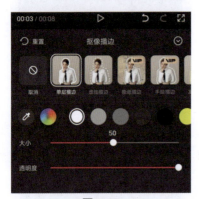

图 5-47

例 051 自定义抠像：制作新闻播报效果

在视频制作中，自定义抠像是一项关键技术。剪映的自定义抠像功能，以其灵活的操作和高度的定制性，让视频编辑更加便捷。本实例将通过自定义抠像功能制作一个新闻播报视频，效果如图 5-51 所示。下面介绍具体操作方法。

步骤 07 完成上述操作，单指长按预览区画中画抠像素材画面，将人物移动至右侧，如图 5-48 所示。

图 5-48

图 5-51

步骤 08 为了让画面更好看，在未选中任何素材的状态下点击"滤镜"按钮，为主轨道未抠像定格图片添加"模糊"特效，再添加"牛皮纸边框Ⅱ"边框特效，如图 5-49 所示。特效添加成功后，再为定格处添加人物出场介绍文本，如图 5-50 所示。

步骤 01 打开剪映 APP，在主界面点击"开始创作"按钮，进入素材添加界面，添加新闻背景素材"素材 1.mp4"，点击右下方"导入"按钮，进入剪辑界面。

步骤 02 在未选中任何素材的状态下，将时间线移动至开头位置，点击下方工具栏中的"画中画"按钮

■，再点击"新增画中画"按钮■，如图5-52所示，添加底部新闻播报栏素材"素材2.mp4"，如图5-53所示。

图 5-52

图 5-53

步骤03 选中画中画轨道中"素材2.mp4"，点击"抠像"按钮■，再点击"自定义抠像"按钮■，如图5-54所示。进入抠像编辑框，点击"快速画笔"按钮■，在预览区画面选出需要抠像的部分，如图5-55所示。

图 5-54　　　　图 5-55

步骤04 抠像完成后，可以适当调节预览区中新闻播报栏素材画面大小。根据新闻播报栏素材内容，转换文本内容。添加文案后，选中文字素材，点击下方工具栏中"数字人"按钮■，如图5-56所示。

选中合适的数字人对该新闻视频进行语音播报，如图5-57所示。

图 5-56

图 5-57

步骤05 数字人语音播报需要一定时间渲染，等待渲染成功后，数字人素材画面会自动在画中画轨道中，调整数字人素材层级，将数字人素材画面调整至新闻播报栏素材"素材1.mp4"下方。调整成功后，再调整数字人素材预览区画面大小，调整至合适的位置即可，如图5-58所示。

图 5-58

步骤 06 完成所有操作后，即可点击右上角"导出"按钮，将视频保存至相册。

例 052 色度抠图：制作绿幕合成效果

色度抠图也称为绿幕技术，是视频制作中一种常用的特效技术。它利用特定颜色（通常是绿色或蓝色）作为背景，将该颜色从画面中去除，从而实现将前景物体或人物与任意背景结合的创意效果。本实例将在实例 052 的基础上，通过色度抠图为新闻播报视频添加新闻视频内容，效果如图 5-59 所示。下面介绍具体操作方法。

图 5-59

步骤 01 打开剪映 APP，在主界面点击"开始创作"按钮，进入素材添加界面，添加例 051 保存的效果视频"例 51 效果视频.mp4"，点击右下方"导入"按钮，进入剪辑界面。

步骤 02 在未选中任何素材的状态下，将时间线移动至开头位置，点击下方工具栏中的"画中画"按钮，再点击"新增画中画"按钮，在素材库中搜索并添加一个绿幕素材，如图 5-60 所示。添加绿幕素材后，将时长与主轨道视频素材"效果视频.mp4"时长对齐，并在预览区中调整绿幕素材大小，放置在合适的位置，如图 5-61 所示。设置成功后，点击右上角"导出"按钮，将视频保存至相册。

图 5-60

图 5-61

步骤 03 回到剪映主界面，点击"开始创作"按钮，进入素材添加界面，导入"新闻素材 1.mp4"~"新闻素材 3.mp4"，进入视频编辑界面。在未选中任何素材的状态下，在画中画轨道中添加步骤 01 保存的视频素材。

步骤 04 选中画中画轨道视频素材，点击工具栏中"抠像"按钮，如图 5-62 所示。进入抠像选项框，点击"色度抠图"按钮，如图 5-63 所示。

图 5-62

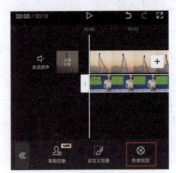

图 5-63

步骤 05 进入色度抠图编辑界面，移动预览区画面中圆形"取色器"中心"小白框"的位置至绿色区域，如图 5-64 所示，再将"强度""阴影"均调整到 100，如图 5-65 所示。

第 5 章 | 视频抠像与合成

图 5-64

图 5-65

地素材 .mp4",点击右下方"导入"按钮,进入剪辑界面。

步骤02 在未选中任何素材的状况下,将时间线移动至开头位置,在画中画轨道中添加"巨角兽素材 .mp4",进入视频编辑界面。

步骤03 选中"巨角兽素材 .mp4",点击下方工具栏中的"调节"按钮,如图 5-67 所示。进入调节编辑界面,点击 HSL 按钮,如图 5-68 所示。进入 HSL 编辑界面,再点击绿色圆形按钮,将"饱和度""色相"分别调整至 -90,"亮度"调整至 100,如图 5-69 所示。

步骤06 色度抠图完成后,确认并保存设置。选中主轨道新闻视频素材,双指调整预览区中主视频轨道视频素材大小,调整至与抠像框大小一致。

步骤07 完成所有操作后,点击右上方"导出"按钮,将视频保存至相册。

▶▶ **拓展练习 13:使用 HSL 功能辅助抠图**

抠图的主要目的是将图像中的特定部分(如人物、物体等)从背景中分离出来,以便进行后续的编辑或合成。然而,一般色度抠图方法往往依赖于复杂的边缘检测和色彩识别算法,在处理复杂背景或颜色相近的物体时可能会遇到困难。通过与 HSL 功能结合,有了一种更为直观和灵活的抠图方式。本次拓展练习将通过制作荒地下雪天巨角兽咆哮视频,介绍如何使用 HSL 功能辅助抠图,效果如图 5-66 所示。下面介绍具体操作方法。

图 5-67

图 5-68

图 5-69

图 5-66

步骤01 打开剪映 APP,在主界面点击"开始创作"按钮,进入素材添加界面,选择空地素材视频"空

步骤04 完成上述操作后,再调整细节部分,回到调节编辑界面,将"亮度"调整至 5,如图 5-70 所示,将"饱和度"调整至 -18,如图 5-71 所示。

75

图 5-70

图 5-71

步骤 05 完成上述操作后，确认并保存退出调节编辑界面，点击"抠像"按钮，再点击"色度抠图"按钮，移动预览区画面中圆形"取色器"中心"小白框"的位置至绿色区域（虽然通过 HSL 调整了色相和饱和度，但背景在抠图界面还是绿色部分），将"强度""阴影"均调整到 70，如图 5-72 所示。调整预览区画面中恐龙位置至右下方，如图 5-73 所示。

图 5-72

图 5-73

步骤 06 若未使用 HSL 进行辅助抠像，直接进行色度抠图，则抠出来的巨角兽边缘会有很严重的绿光，进行 HSL 辅助抠像则可以减少绿光，让抠出来的图

像更加干净。

步骤 07 上述步骤是通过调节 HSL 的数值辅助使用色度抠图，下面介绍另一种通过调节 HSL 辅助抠像的方法。当遇到白色的云白色的水和下雪绿幕素材时，在调节 HSL 后使用色度抠图还是很容易将部分白色抠除。在遇到这类素材时，需要用到混合模式。

步骤 08 在完成上述步骤后，在未选中任何素材的状态下，点击"画中画"按钮，再点击"新增画中画"按钮，添加"下雪素材 .mp4"，根据上述方法，调节 HSL 数值，将绿色的"饱和度"调整为 -100，如图 5-74 所示。

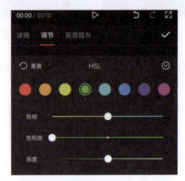

图 5-74

步骤 09 确认并保存设置后，退出"调节"编辑界面，点击"混合模式"按钮，再选择"滤色"选项，如图 5-75 所示，下雪特效制作完成。

图 5-75

步骤 10 完成上述操作后，还可以为视频添加巨角兽咆哮和狂风呼啸的音效，让视频内容更加丰富。

步骤 11 完成所有操作后，即可点击右上角"导出"按钮，将视频保存至相册。

第 6 章 视频后期调色

调色是调整图像或视频颜色的过程，以满足视觉需求或情感表达。它能统一影片色彩风格，增强视觉美感和观赏性，塑造整体氛围。同时，调色能突出画面主题或情感，通过颜色和对比度调整引导观众注意力，使画面更具表现力。此外，调色还能调整明暗和光线效果，使画面生动逼真，营造不同情感氛围。本章将通过实例介绍视频后期制作的基本方法，提升视频画面美观度。

6.1 调节功能

剪映视频调节功能便捷实用，可精细调整视频素材。通过调整亮度、对比度、饱和度等参数，改善画面质量，提升视觉效果。其操作界面直观易用，实时预览效果，便于掌握调节技巧。无论是专业编辑还是普通用户，都能轻松打造高质量视频作品，满足创作需求。

例 053　基础参数：夕阳调色

在剪映中，通过使用基础调色功能，简单调整亮度、对比度和饱和度等基础参数，能够轻松地为视频打造专属的滤镜效果，这种调色能增强画面的层次感和细节表现。本实例将使用基础调色功能，制作一个夕阳调色视频，使观众仿佛置身于迷人的黄昏场景，效果如图 6-1 所示。下面介绍具体操作方法。

图 6-1

步骤 01 打开剪映 APP，在主界面点击"开始创作"按钮，进入素材添加界面，按顺序添加本实例相应素材视频，点击右下方"导入"按钮，进入剪辑界面。

步骤 02 在未选中任何素材的状态下，将时间线移动至开头位置，点击下方工具栏中的"音频"按钮，添加一个背景音乐，并调整音频时长与视频一致。调整完成后，选中"素材（1）.mp4"，点击下方工具栏中的"调节"按钮，如图 6-2 所示。

图 6-2

步骤 03 进入调节编辑框，点击"亮度"按钮，将"亮度"调整至 -10，如图 6-3 所示，再点击"对比度"按钮，将数值调整为 20，如图 6-4 所示，然后继续在调节编辑框中将"饱和度"调整为 20、"光感"调整为 -15、"锐化"调整为 20、"色温"调整为 30、"色调"调整为 20。

图 6-3

图 6-4

步骤04 调节完成后即可确认并保存设置，该素材偏暗，且本身就是落日视频，使用调节功能是为了还原和美化机器拍不出来的夕阳效果。下面通过"素材（2）.mp4"调节，介绍如何将一段偏亮偏白的视频调节成偏暗、黄昏时刻效果。选中"素材（2）.mp4"，点击工具栏中"调节"按钮，将"亮度"调整为 -30、"对比度"调整为 10、"饱和度"调整为 25、"锐化"调整为 10、"阴影"调整为 -8、"色温"调整为 50、"色调"调整为 40，最终效果如图 6-5 所示。

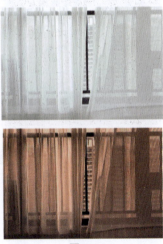

图 6-5

步骤05 剩下的素材皆可通过上述两种方法根据实际情况进行调节，调整至满意的效果。

步骤06 完成上述步骤后，给视频添加一个开头，让视频内容更加丰富。

步骤07 完成所有操作后，即可点击右上角"导出"按钮，将视频保存至相册。

例 054 HSL 调节：灰片效果

扫描看视频

HSL 即色相（Hue）、饱和度（Saturation）和亮度（Lightness）的简称，通过调整它们可精准控制视频颜色。本例将制作灰片视频，利用 HSL 功能先恢复明暗层次，再调整色相和饱和度，使灰色调视频焕发丰富色彩。这样不仅能吸引观众，还能更好地传达视频内容和情感，效果如图 6-6 所示。下面介绍具体操作方法。

图 6-6

步骤01 打开剪映 APP，在主界面点击"开始创作"按钮，进入素材添加界面，添加花丛素材视频"素材.mp4"，点击右下方"导入"按钮，进入剪辑界面。

步骤02 在未选中任何素材的状态下，将时间线移动至开头位置，点击下方工具栏中的"音频"按钮，添加一段背景音乐。再回到视频编辑界面，适当调整"素材.mp4"时长和音频时长，保留时长为 8s，如图 6-7 所示。

第 6 章 视频后期调色

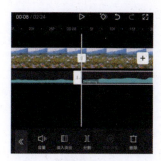

图 6-7

图 6-9

步骤03 将时间线移动至 3s 位置，选中"素材 .mp4"，并点击"分割"按钮，选中分割后"素材 .mp4"的后半段视频素材，点击下方工具栏中的"调节"按钮，再点击 HSL 按钮，将所有颜色的"色相""饱和度"和"亮度"均调整至 -100，如图 6-8 所示。

步骤01 打开剪映 APP，在主界面点击"开始创作"按钮，进入素材添加界面，添加天空素材"素材 .mp4"，点击右下方"导入"按钮，进入剪辑界面。

步骤02 在未选中任何素材的状态下，将时间线移动至 4s 位置，选中"素材 .mp4"，并点击"分割"按钮，选中"素材 .mp4"分割后的第二段视频素材，点击下方工具栏中的"调节"按钮，再点击"曲线"按钮，如图 6-10 所示。

图 6-8

图 6-10

步骤04 完成上述操作后，点击时间轴中两段素材中间的"转场"按钮，添加"向左擦除"转场。

步骤05 完成所有操作后，即可点击右上角"导出"按钮，将视频保存至相册。

步骤03 进入曲线调节编辑框，白色 + 红色可以调节出粉色，拖动锚点，白色曲线调节和红色曲线调节如图 6-11 所示。

例 055 曲线调节：天空调色

剪映曲线调节可精确控制视频色彩、亮度和对比度，提升视觉效果。通过微调各参数，如增强色彩鲜艳度或平衡明暗分布，实现个性化效果。以天空云朵调色为例，利用剪映曲线调节功能，可轻松调出粉红色云朵，效果如图 6-9 所示。下面介绍具体操作方法。

扫描看视频

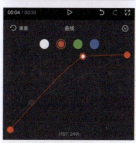

图 6-11

79

步骤04 完成上述操作后，选中时间轴中分割后前后两段视频中间"转场"按钮，添加"向左擦除"转场，时长为1s。选中"素材.mp4"第二段视频素材，保留视频时长为12s。

步骤05 完成所有操作后，即可点击右上角"导出"按钮，将视频保存至相册。

▶ 拓展练习 14：使用"智能调色"功能

剪映智能调色功能可帮助用户快速调整视频色彩，提升视觉效果。用户能轻松微调亮度、对比度、饱和度等参数，优化画面色彩，增强视觉冲击力。此外，该功能还具备细节处理能力，可精准调整画面局部，如暗部、亮部或高光，使画面更立体丰富。本次拓展练习将为一段游玩视频使用智能调色功能一键调色，效果如图 6-12 所示。下面介绍具体操作方法。

图 6-12

步骤01 打开剪映 APP，在主界面点击"开始创作"按钮，进入素材添加界面，选择"素材.mp4"，点击右下方"导入"按钮，进入剪辑界面。选中"素材.mp4"，点击下方工具栏中的"调节"按钮，点击"智能调色"按钮，将下方数值拉至 100，如图 6-13 所示。

图 6-13

步骤02 完成所有操作后，即可点击右上角"导出"按钮，将视频保存至相册。

6.2 添加滤镜

在视频剪辑中，滤镜可提升画面质感，营造氛围，强化情感表达。滤镜调整色彩、亮度、对比度等参数，赋予视频独特视觉风格，增强吸引力和感染力。

剪映视频编辑软件滤镜功能强大，提供丰富选择，涵盖色彩、光影、复古等多种风格。用户可根据创作需求，轻松选择并应用滤镜。剪映滤镜功能简便高效，效果自然。用户可在编辑界面选择滤镜，调整强度等参数快速美化画面。同时，支持滤镜叠加组合，创造多元化、个性化视觉效果。

本节将简单说明剪映中滤镜的用法，介绍如何使用剪映的滤镜功能。

例 056 单个滤镜：复古街道

单个滤镜即在片段中使用一个滤镜，用于强化画面效果或赋予视频特定风格。通过调整色彩、亮度、对比度等参数，突出视频元素，营造氛围，增强观众体验。在剪映中，添加单个滤镜简单快捷，能迅速达到想要的效果。本实例将制作一个复古街道视频，将使用一个滤镜制作出复古港风电影感，效果如图 6-14 所示。下面介绍具体操作方法。

第 6 章 视频后期调色

图 6-14

步骤 01 打开剪映 APP，在主界面点击"开始创作"按钮+，进入素材添加界面，添加"素材.mp4"，点击右下方"导入"按钮，进入剪辑界面。

步骤 02 在未选中任何素材的状态下，将时间线移动至 3s 的位置，选中"素材.mp4"，并点击"分割"按钮，如图 6-15 所示。将时间线移动至分割位置，在未选中任何素材状态下，点击下方工具栏中的"滤镜"按钮，如图 6-16 所示。

步骤 04 完成上述操作后，再在分割后两段素材中间添加"上移"转场，并添加合适的文案和背景音乐。

步骤 05 完成所有操作后，即可点击右上角"导出"按钮，将视频保存至相册。

例 057 多层滤镜：美食调色

单层滤镜指单个滤镜应用于片段，多层滤镜则是多个滤镜效果叠加在同一片段上，以创造丰富复杂的视觉效果。多层滤镜可调整画面，增强生动性和趣味性，满足风格需求。剪映支持多滤镜叠加，实时显示效果。用户可调整参数和顺序，灵活控制多层滤镜效果，实现最佳视觉呈现。本实例将制作一个美食视频，介绍如何添加多层滤镜，效果如图 6-18 所示。下面介绍具体操作方法。

扫描看视频

无滤镜

单层滤镜

图 6-15

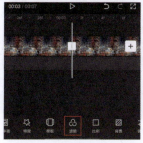

图 6-16

步骤 03 进入滤镜选项框，在搜索文本框中搜索"重庆森林"，选择并添加"重庆森林"滤镜，如图 6-17 所示。

图 6-17

多层滤镜

图 6-18

步骤 01 打开剪映 APP，在主界面点击"开始创作"按钮+，进入素材添加界面，添加两段美食素材"素材 1.mp4"和"素材 2.mp4"，点击右下方"导入"按钮，进入剪辑界面。

81

步骤02 在未选中任何素材的状况下,将时间线移动至 00:01:19 位置,选中"素材 1.mp4",并点击"分割"按钮,如图 6-19 所示。将时间线移动至分割位置,在未选中任何素材的状态下,点击下方工具栏中的"滤镜"按钮,进入滤镜选项框,点击"美食"按钮,选择并添加"西冷"滤镜,如图 6-20 所示,将滤镜素材时长与"素材 1.mp4"末尾对齐。

图 6-19

图 6-20

步骤03 滤镜添加完成后,确认并保存设置。在未选中任何素材的状态下,将时间线移动至 00:03:15 位置,选中"素材 1.mp4"分割完成的美食素材第二部分视频,并点击"分割"按钮,如图 6-21 所示。将时间线移动至分割点位置,在未选中任何素材的状态下,点击下方工具栏中的"滤镜"按钮,进入滤镜选项框,点击"美食"按钮,选择并添加"鲜美"滤镜,如图 6-22 所示。

图 6-21

图 6-22

步骤04 完成上述操作后,在两个分割处分别添加"色彩溶解Ⅱ"转场,时长为 0.4s。

步骤05 "素材 1.mp4"滤镜效果添加完成。"素材 2.mp4"采用同样的方法在恰当的时间分别添加"鲜明"和"西餐"滤镜,如图 6-23 所示。

图 6-23

步骤06 添加滤镜完成后,可在"素材 2.mp4"两个分割点处添加"向左擦除"转场,时长为 0.5s。

步骤07 完成上述操作后,可以为视频添加一个合适的背景音乐。

步骤08 完成所有操作后,即可点击右上角"导出"按钮,将视频保存至相册。

> **提示**
>
> 　　本节多次采用分割方法制作视频,旨在突出添加效果后的前后对比,目的是向读者介绍如何使用剪映的滤镜功能。

第 6 章 视频后期调色

▶▶ 拓展练习 15：结合关键帧制作渐变色效果

　　使用关键帧辅助调色功能，能够为视频调色带来更加精细和动态的效果。在剪辑中提供了更多创意和灵活性，能够更加精准地控制视频的颜色表现，提升作品的视觉质量。本次拓展练习将结合关键帧制作渐变色效果，效果如图 6-24 所示。下面介绍具体操作方法。

图 6-24

步骤 01 打开剪映 APP，在主界面点击"开始创作"按钮，进入素材添加界面，选择"素材 .mp4"，点击右下方"导入"按钮，进入剪辑界面。选中"素材 .mp4"，点击下方工具栏中的"复制"按钮，选中并复制"素材 .mp4"，点击"切画中画"按钮，将复制的"素材 .mp4"移动至画中画位置，与主轨道素材视频"素材 .mp4"对齐。

步骤 02 选中画中画素材"素材 .mp4"，点击下方工具栏中"抠像"按钮，为了更精准地抠除所需人物素材，点击"自定义抠像"按钮，如图 6-25 所示。

图 6-25

步骤 03 点击"快速画笔"按钮，将预览区中需要抠像的人物素材画出来，如图 6-26 所示，抠像完成后，确认并保存设置。

图 6-26

步骤 04 抠像完成后，选中主轨道视频素材"素材 .mp4"，将时间线移动至 00:06:05 的位置，添加一个关键帧，如图 6-27 所示。将时间线移动至 00:06:18 左右位置，再添加一个关键帧，如图 6-28 所示。

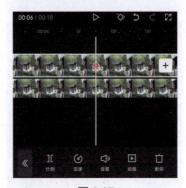

图 6-27

83

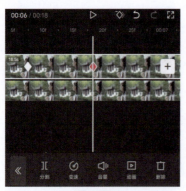

图 6-28

图 6-29

步骤 05 将时间线移动至第一个关键帧的位置,点击下方工具栏中的"调节"按钮 ⚙。进入调节选项框,将"饱和度"调整至 -50、"对比度"调整至 10、"光感"调整至 -15、"阴影"调整至 -20,如图 6-29 所示。

步骤 06 完成上述操作后,可添加下雨特效和背景音乐,让视频内容更加丰富和生动。

步骤 07 完成所有操作后,即可点击右上角"导出"按钮,将视频保存至相册。

6.3 美颜美体

美颜对于一些容貌不自信的群体是必不可少的功能,现如今,图片和视频均可美颜。剪映的美颜美体功能强大,通过智能算法和手动调整,提升视频视觉效果和观众体验。美颜功能可自动或手动调整肤色、肤质、五官等,祛除瑕疵,调整面部轮廓和五官比例。美体功能则针对身材进行调整,瘦身、长腿、瘦腰等,优化人物形象。美颜美体旨在提升视频观赏性和吸引力,吸引观众注意,增加互动和分享。本章将介绍剪映美颜美体功能的使用方法。

例 058 美颜效果:为人物磨皮美白

给人物磨皮和美白,以及调整肤质,是美颜中最基础也是最不可缺少的功能。本节实例教学将从磨皮和美白开始,介绍如何使用剪映美颜美体功能,效果如图 6-30 所示。下面介绍具体操作方法。

扫描看视频

第 6 章 视频后期调色

图 6-30

步骤01 打开剪映 APP，在主界面点击"开始创作"按钮⊕，进入素材添加界面，添加相应的素材视频"素材 .mp4"，点击右下方"导入"按钮，进入剪辑界面。选中"素材 .mp4"，将时间线移动至 2s 的位置，点击下方工具栏中"分割"按钮Ⅱ，如图 6-31 所示。再选中"素材 .mp4"分割后的第二部分素材视频，点击下方工具栏中"美颜美体"按钮◎，如图 6-32 所示，再点击"美颜"按钮◎，如图 6-33 所示。

步骤02 进入美颜编辑框，预览区画面会自动放大人脸，并且人脸会出现边框，当画面中有多个人物需要调节时可以方便精准定位人物，方便更好调节。点击"磨皮"按钮◎，将"磨皮"调整至 20，如图 6-34 所示，点击"美白"按钮◎，将"美白"调整至 70，如图 6-35 所示。由于人物变白，为了让画面整体协调性更强，点击"白牙"按钮◎，将"白牙"调整至 25，如图 6-36 所示。

图 6-31

图 6-32

图 6-34　　图 6-35

图 6-36

图 6-33

步骤03 最基础的美颜肤质调整已经完成，如果还想要改变皮肤颜色，可以点击"肤色"按钮◎，如图 6-37 所示，进入肤色选项框，有粉白、冷白、暖白、小麦色、美黑 5 种选项，可以根据实际需求进行选择调整。本实例选择"粉白"，程度为默认选项，"冷暖"调整为 -10，如图 6-38 所示。

图 6-37

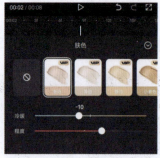

图 6-38

步骤04 完成所有操作后,即可点击右上角"导出"按钮,将视频保存至相册。

例 059 美型效果:为人物瘦脸

　　调整完肤质后,调整脸部形态也是必不可少的,最常见的就是瘦脸功能。本实例将在实例 058 的基础上为视频中人物进行美型调整,效果如图 6-39 所示。下面介绍具体操作方法。

无美颜美型

有美颜无美型

有美颜美型

图 6-39

步骤01 打开剪映 APP,在主界面点击"开始创作"按钮￼,回到实例 058 视频编辑界面,选中"素材.mp4"分割后第二段视频素材,将时间线移动至 4s 的位置,点击下方工具栏中"分割"按钮,如图 6-40 所示。再选中分割后的第三部分素材,点击下方工具栏中的"美颜美体"按钮￼,再点击"美颜"按钮￼,点击"美型"按钮,点击"面部"按钮,如图 6-41 所示。

图 6-40

图 6-41

步骤02 再点击"小脸"按钮￼,将数值调整至 20,点击"瘦脸"按钮￼,将数值调整至 50,点击"下颌骨"按钮￼,将数值调整至 15,点击"颧骨"按钮,将数值调整至 20,如图 6-42 所示。

第 6 章 视频后期调色

> **提示**
> 完成上述操作后，基础的瘦脸美型已经完成，但是人物形态需要整体适配和协调，调整了脸型轮廓后，根据实际情况需要适当调整五官形态，让人物脸部状态更自然和谐。

步骤 03 当人物脸型轮廓变小，会让鼻子和嘴部略显突兀。首先点击选项栏中"鼻子"按钮，将"瘦鼻"调整至 55。其次修改嘴部形态，点击选项栏中"嘴巴"按钮，将"嘴大小"调整至 16，再点击"笑容"按钮，将数值调整至 15，最后点击"微笑唇"按钮，将数值调整至 20，如图 6-43 所示。

步骤 04 完成所有操作后，即可点击右上角"导出"按钮，将视频保存至相册。

图 6-42

图 6-43

> **例 060** 美妆效果：调整人物妆容

剪映除了有美颜美型功能调节人物头部状态，还可以调节妆容，并且包含的妆容十分丰富多样。当素颜录制视频或者妆容太淡不上镜，或者对镜头中妆容不满意时，皆可以通过使用剪映"美妆"功能对人物妆容进行调节。本实例将继续在上一个实例的基础上，介绍如何使用剪映"美妆"功能，效果如图 6-44 所示。下面介绍具体操作方法。

无美颜美型

有美颜无美型

美颜美型

美颜、美型和美妆

图 6-44

步骤 01 打开剪映 APP，在主界面点击"开始创作"按钮，回到实例 059 视频编辑界面，选中第三段视频素材，将时间线移动至 6s 的位置，点击下方工具栏中"分割"按钮，如图 6-45 所示。再选中分割后的第四部分素材，点击下方工具栏中"美颜美体"按钮，再点击"美颜"按钮，再点击"美妆"按钮，为了更快捷地添加妆容，点击"套装"按钮，如图 6-46 所示。

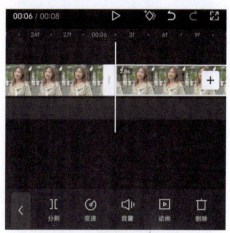

图 6-45

图 6-46

步骤02 因为原视频人物已有妆造，只是上镜显得妆面偏脏、不均匀，口红颜色不深，显得没有气色。为了与人物适配，在"套装"选项中，找到并点击"拜年妆"特效，为了让画面不突兀，妆容更加自然，将数值调整至 31，如图 6-47 所示。

图 6-47

步骤03 添加完妆容后，即可点击右上角"导出"按钮，将视频保存至相册。

例 061 智能美体：修饰人物身形

在数字时代，视频成为记录和分享生活的重要工具。但视频中人物可能因角度、光线等因素显得不完美，美颜美型功能又可能导致不自然。剪映的美体功能分为智能和手动两种，旨在改善视频中人物的身材比例，让每个镜头都展现最佳状态。本实例将继续在前面实例的基础上制作视频，通过智能美体功能，为人物修改体型，效果如图 6-48 所示。下面介绍具体操作方法。

扫描看视频

无美颜美型

有美颜无美型

美颜美型

美颜、美型和美妆

美颜、美型、美妆和智能美体

图 6-48

步骤 01 打开剪映 APP，在主界面点击"开始创作"按钮，回到实例 060 视频编辑界面，选中第四段视频素材，将时间线移动至 8s 位置，点击下方工具栏中"分割"按钮，如图 6-49 所示。再选中分割的最后一段素材，点击下方工具栏中的"美颜美体"按钮，再点击"美体"按钮，如图 6-50 所示。

图 6-49

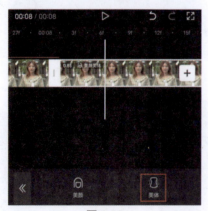

图 6-50

步骤 02 进入美体编辑选项框，选择"智能美体"选项，将"直角肩"调整至 41，将"宽肩"调整至 35，将"天鹅颈"调整至 35，将"小头"调整至 45，如图 6-51 所示。

第 6 章 视频后期调色

图 6-51

图 6-52

步骤 03 完成上述操作后，确认并保持美体设置。然后可根据第 6 章 6.1 节内容为该视频调色，提高清晰度，并为该视频添加合适的背景音乐。

步骤 04 完成所有操作后，即可点击右上角"导出"按钮，将视频保存至相册。

步骤 01 打开剪映 APP，在主界面点击"开始创作"按钮 +，选择"素材.mp4"，点击右下方"导入"按钮，进入剪辑界面。选中"素材.mp4"，将时间线移动至 2s 的位置，点击下方工具栏中"分割"按钮，如图 6-53 所示。再选中"素材.mp4"分割的第二段素材，点击下方工具栏中的"美颜美体"按钮 ◎，再点击"美体"按钮 ◎，如图 6-54 所示。

> 提示
> （1）本视频通过四个实例向读者介绍如何一步一步给人物进行美颜到美体的调整，为了突出效果，在一些数值上会调整得比较夸张。当读者进行实操训练时，可以根据自己的审美和喜好进行调整。
> （2）对于给视频进行美颜和美体操作，请读者采用适当原则，根据实际情况进行调整。

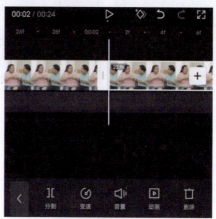

图 6-53

例 062 手动美体：为人物瘦身瘦腿

剪映的美体功能除了智能美体，还可以进行手动美体，可以根据自己的需求对身体部位进行缩小和放大。为了突出效果，本实例将制作为体型偏大的人通过手动美体将体型稍微变小的效果，如图 6-52 所示。下面介绍具体操作方法。

扫描看视频

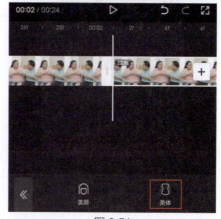

图 6-54

91

步骤02 进入美体编辑选项框,选择"手动美体"选项,手动美体一共分三步,"拉长"功能一般作用于全身体拉长腿部,但将身形拉长也可以达到缩小身形的目的,点击"拉长"按钮,将数值调整至20,如图 6-55 所示。调整完成后点击"瘦身瘦腿"按钮,通过移动预览区的图标可以调节想要瘦身瘦腿的位置和范围,将下方工具栏中的数值调整为40,如图 6-56 所示。最后点击"放大缩小"按钮,通过移动预览区图标调节范围,将数值调整至 -50,如图 6-57 所示。

图 6-55　　　　　图 6-56

无美体

有美体

图 6-57

无美颜美型

▶▶拓展练习 16:为视频中的人物进行美颜瘦身处理

本章美颜美体功能基础介绍已经完成,对人物进行美颜美体调整是需要整体思维的。本次拓展练习将在第 6 章 6.1 节的基础上进行处理,介绍在日常视频中如何进行美颜瘦身处理,效果如图 6-58 所示。下面介绍具体操作方法。

有美颜无美型

图 6-58

步骤01 打开剪映 APP,在主界面点击"开始创作"按钮,选择"素材.mp4",点击右下方"导入"按钮,进入剪辑界面。选中"素材.mp4",首先对人物进行美体调整,将时间线移动至人物全身出现的 3s 位

第 6 章 视频后期调色

置,选中"素材.mp4",点击下方工具栏中的"美颜美体"按钮,再点击"美体"按钮。

步骤02 进入美体编辑选项框,将"直角肩"调整为15、"宽肩"调整为30、"天鹅颈"调整为20、"瘦身"调整为25、"长腿"调整为30、"瘦腰"调整为40、"小头"调整为40,调整完成后,为了防止视频人物识别错误,点击左下方"全局应用"按钮,如图 6-59 所示。

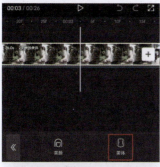

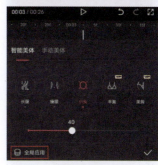

图 6-59

步骤03 美体调节完成后,确认并保存设置,为了更清楚地调整美颜数值,将时间线移动至人物正脸近景,进入美颜编辑选项框,点击"美颜"按钮,将"美白"调整为25、"磨皮"调整为10,如图 6-60 所示。

步骤04 点击"美型"按钮,将"小脸"调整为80、"瘦脸"调整为50、"下颌骨"调整为60、"颧骨"调整为30、"发际线"调整为40,完成设置后,点击左下方"全局应用"按钮,如图 6-61 所示。

93

图 6-60

图 6-61

步骤 05 完成上述操作后，基础的手动美体即完成，还可以配合智能美体功能辅助美体调节。

步骤 06 完成所有操作后，即可点击右上角"导出"按钮，将视频保存至相册。

> **提示**
>
> （1）手动美体功能是对身形简单地进行调整，细节调整使用智能美体和美型功能更佳。
>
> （2）视频人物美颜美体暂时还无法做到图片那样细节，例如将挤压的赘肉消除是无法通过单纯剪映美颜美体功能实现的。可以根据实际情况，结合视频画面拍摄来使用美颜美体功能。

第 7 章　使用 AI 辅助创作

在数字化时代，AI 推动各行业创新发展，剪映也加入 AI 辅助创作功能。AI 技术提升创作效率和质量，智能分析数据提供灵感素材，自动化处理后期剪辑工作。剪映 AI 创作智能化、个性化，理解创作者需求，匹配适合的剪辑风格、音乐、特效等，支持个性化定制。同时，剪映 AI 创作便捷、实时，上传素材即可快速生成多个方案，随 AI 技术不断优化，保持与时俱进。

本章内容将通过 12 个实例向读者介绍如何使用剪映 AI 辅助创作功能。

7.1 剪映的 AI 创作功能

剪映 AI 创作功能强且实用，集成先进 AI 技术，智能匹配视频素材，提供丰富剪辑方案。用户可轻松剪辑视频、添加特效和调整音频，实现个性化创作。功能旨在提升效率，降低门槛，让更多人享受创作乐趣。同时，还能根据需求和风格智能生成剪辑图片，使创作更简单高效。

例 063　智能匹配素材：巧用 AI 匹配美食素材

智能匹配素材功能基于 AI 技术，提升视频编辑效率和创意性。该功能理解用户主题和内容，自动匹配素材。它分析信息，在剪映素材库中搜索相关内容，推荐背景、特效、音乐等，节省搜索时间。本实例将通过一个蛋糕制作流程视频，介绍如何使用智能匹配素材功能，效果如图 7-1 所示。下面介绍具体操作方法。

图 7-1

步骤 01 打开剪映 APP，首先映入眼帘的是默认剪辑界面，也是剪映 APP 的剪辑主界面，如图 7-2 所示。在主界面点击"图片成文"按钮 ，进入图片成文编辑界面，此界面可以自由编辑文案，也可以通过 AI 智能生成文案。本实例将通过编辑文案生成视频，点击"自由编辑文案"选项框，如图 7-3 所示。

图 7-2　　　　　图 7-3

步骤 02 进入文案编辑界面，输入提前准备好的文案，再点击左上角"应用"按钮，如图 7-4 所示。在下方弹出来的选项框中选择"智能匹配素材"选项，会进入智能匹配素材视频编辑界面，如图 7-5 所示。

步骤 03 进入智能匹配素材视频编辑界面，如图 7-6 所示，此界面与普通视频剪辑界面不同点在于更注重对于视频素材的更改，如图 7-7 所示。如果不满意素材效果，选中其中一个片段，可进行替换更改，若还有一些细节不满意需要修改，可以点击右上角"导入剪辑"按钮，进入视频剪辑界面，进行修改。

步骤 04 完成所有操作后，即可点击右上角"导出"按钮，将视频保存至相册。

图 7-4　　　　图 7-5

图 7-6　　　　图 7-7

例 064　AI 作图：根据文案描述生成梦幻庄园

　　AI 技术普及，AI 生成图片与文案成日常。剪映推出 AI 作图功能，满足视频创作者视觉需求。该功能基于 AI 技术，理解用户创作需求，自动生成高质量图片。用户输入文字描述或选择参考图，AI 系统分析后生成相关图片。图片光影、细节真实，风格多样，满足创作需求，效果如图 7-8 所示。下面介绍具体操作方法。

图 7-8

第 7 章 ｜ 使用 AI 辅助创作

步骤 01 打开剪映 APP，在主界面点击"展开"按钮 ，如图 7-9 所示，这样主界面隐藏的功能都能显示出来，点击"AI 作图"按钮，如图 7-10 所示。

图 7-9

图 7-10

步骤 02 进入 AI 图片生成界面，输入需要图片的文字信息，再点击下方"立即生成"按钮，如图 7-11 所示，图片则直接生成出来，如图 7-12 所示。

图 7-11

图 7-12

步骤 03 如果对生成的图片不满意，可以在文本框中输入更详细的描述生成图片，或者选中生成图片，点击"细节重绘"按钮，对图片进行细节修改。

步骤 04 确定图片后，选中图片，点击"下载"按钮，将图片保存至相册。

> **提示**
>
> 使用剪映的隐藏功能需要登录账号，未登录账号很多功能无法使用。

例 065 AI 商品图：导入图片智能生成商品背景

剪映 AI 商品图功能可以高效处理商品图片。智能识别物品，一键生成高清美观背景，省去手动抠图和背景制作。导入图片后，软件自动匹配，快速生成专业级商品图，满足多样化需求。适用于电商展示和广告推广，提升商品吸引力，效果如图 7-13 所示。下面介绍具体操作方法。

图 7-13

步骤 01 打开剪映 APP，在主界面点击"展开"按钮 ，这样主界面隐藏的功能都能显示出来。点击"AI 商品图"按钮，如图 7-14 所示。进入图片素材添加界面，选择提前准备好的图片，如图 7-15 所示。

步骤 02 进入图片编辑界面，会自动选中商品并移除原图片背景，如图 7-16 所示。背景移除后，可在下方选项栏中选择喜欢的背景，背景分为 AI 背景预设，主要为一些剪映自带的背景图，还分为颜色预设，背景图都是纯色，用户可以根据自己的需求选择背景图，如图 7-17 所示。

物品，点击"重新生成"按钮，将会生成不同但元素类似的背景图。

步骤04 完成所有操作后，即可点击右上角"导出"按钮，将图片保存至相册。

例 066 AI 特效：实现现实世界与二次元的转换

剪映 AI 特效功能为视频创作者提供创意空间，将现实与二次元结合，焕发奇幻魅力。通过智能算法，特效自动添加动漫风格、艺术滤镜和元素，使画面生动有趣。剪映轻松实现梦幻场景和二次元形象，完美呈现创意。无论是专业制作还是日常分享，剪映 AI 特效功能都带来无限可能，效果如图 7-18 所示。下面介绍具体操作方法。

图 7-14

图 7-15

图 7-16

图 7-18

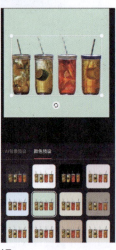

图 7-17

步骤01 打开剪映 APP，在主界面点击"展开"按钮，这样主界面隐藏的功能都能显示出来，点击"AI 特效"按钮，如图 7-19 所示。进入图片素材添加界面，选择提前准备好的图片"素材 .jpg"，进入 AI 图片生成编辑框，在下方选项框中输入所需要的 AI 图片效果的描述词，即可生成所需要的图片，如图 7-20 所示。

步骤02 当不知道如何输入描述词时，可以点击右上角"灵感"按钮，找到所需效果示例图，并点击"试一试"按钮，如图 7-21 所示，点击之后会自动跳转至图片编辑界面，并在文本框中自动生成描述词。可以对文本框中描述词进行适当修改，以达到更理想的效果，确定描述词后，点击下方"生成"按钮，如图 7-22 所示。

步骤03 本案例商品为水果饮品，选择一个有水果的背景。不满意生成的背景时，可以选中预览区中的

第 7 章 | 使用 AI 辅助创作

图 7-23

图 7-19　　　　图 7-20

图 7-21　　　　图 7-22

步骤 01 打开剪映 APP，在主界面点击"图文成片"按钮，进入图片成文编辑界面。此界面可以自由编辑文案，也可以通过 AI 智能生成文案。本实例将通过 AI 智能生成文案。点击"营销广告"按钮，如图 7-24 所示，进入广告文案生成编辑界面，在此界面输入产品名和描述词，视频时长为"1 分钟左右"，完成操作后点击下方"生成文案"按钮，如图 7-25 所示，等待一段时间后，文案将自动生成。

步骤 03 当对生成图片效果不满意时可以继续点击"生成"按钮，生成新的图片。

步骤 04 完成所有操作后，即可点击右上角"导出"按钮，将图片保存至相册。

例 067 智能文案：使用 AI 创作产品文案

AI 技术深度分析产品、受众及市场，自动生成精准文案。从而节省时间、精力，确保文案准确专业。剪映的智能文案功能适用于产品描述、卖点提炼及推广语撰写，帮助产品脱颖而出，吸引潜在消费者，提升文案吸引力与转化率。本实例将通过"智能文案"功能生成一段关于"黑茶"的视频宣传文案，生成的文案如图 7-23 所示。下面介绍具体操作方法。

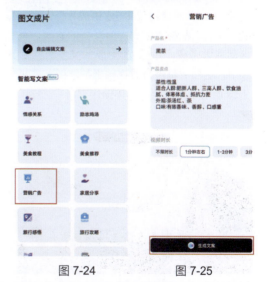

图 7-24　　　　图 7-25

步骤 02 文案生成后，确认文案内容，根据需求进行调整，确定文案内容后，即可根据文案内容生成视频。点击下方"生成视频"按钮，如图 7-26 所示，再点击"智能匹配素材"按钮，即可快速生成视频，这样大大减少了视频制作时间，提高效率，如图 7-27 所示。

99

图 7-26　　　　　图 7-27

图 7-29

步骤 03 视频制作完成后即可点击右上角"导出"按钮，将视频保存至相册。

例 068　营销成片：根据产品描述词直接生成广告视频

剪映的 AI 功能十分强大，上述实例通过 AI 生成文案再 AI 匹配素材生成视频，本实例将通过使用"营销成片"功能，输入产品描述词和提前准备的素材，视频将自动剪辑完成，并且 AI 生成的文案直接加入视频中，这样剪辑出来的视频更加流畅，效果如图 7-28 所示。下面介绍具体操作方法。

图 7-28

步骤 01 打开剪映 APP，在主界面点击"展开"按钮，点击"营销成片"按钮 ，进入营销推广视频编辑界面，选择提前准备好的图片，进入视频描述编辑界面，在此界面根据提示添加本实例相关所有素材和内容描述词，输入完成后点击下方"生成视频"按钮，如图 7-29 所示。

步骤 02 进入视频生成界面，将会自动生成几种不同的视频，根据需求选择，如图 7-30 所示，选择完成后，点击右上角"导出"按钮，将视频保存至相册。

图 7-30

> **提示**
> "营销成片"功能对于描述词有用语规定，遇到违规词将无法生成视频，可以使用系统推荐的词条。

例 069　数字人：制作数字人口播视频

随着技术发展，AI 虚拟人物已普及。剪映的"数字人"功能，让用户轻松制作逼真数字人口播视频，无须真实人物出镜。该功能利用 AI 技术模拟人类表情和动作，使数字人表达自然流畅。它便捷易用，用户可选择不同形象，符合品牌或个人喜好。此外，还提供丰富口播模板和语音库，用户输入文本即可生成匹配视频，提升创作效率。本实例将通过剪映"数字人"功能生成一段新闻播报视频，效果如图 7-31 所示。下面介绍具体操作方法。

图 7-31

步骤 01 打开剪映 APP，在主界面点击"图文成片"按钮，进入图片成文编辑界面。本实例将通过 AI 智能生成文案，点击"自定义输入"按钮，如图 7-32 所示。进入文案生成编辑界面，在此界面输入需要的文案描述词和关键词，视频时长 1min 左右，完成操作后点击下方"生成文案"按钮，等待一段时间后，文案将自动生成，如图 7-33 所示。

图 7-32

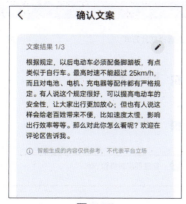

图 7-33

步骤 02 确认文案后，点击下方"生成视频"按钮，再点击"使用本地素材"按钮，本视频将使用提前准备好的素材视频"背景素材.mp4"，如图 7-34 所示。

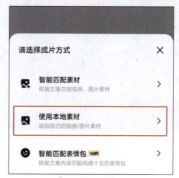

图 7-34

步骤 03 进入视频编辑界面，点击右上角"导入剪辑"按钮，如图 7-35 所示，进入一般视频剪辑界面，添加提前准备的视频素材"背景素材.mp4"，并与音频和文案时长对齐，如图 7-36 所示。

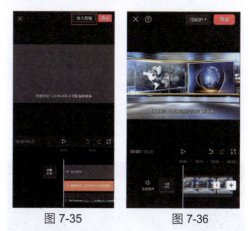

图 7-35　　　　　　图 7-36

步骤 04 选中文案，点击下方工具栏中"数字人"按钮，如图 7-37 所示。进入数字人添加界面，选择合适的数字人，自动生成数字人语音播报音频，如图 7-38 所示。

图 7-37

图 7-38

步骤 05 将 AI 自动生成的文字朗读音频删除，保留数字人语音播报音频，将时间线移动至"背景素材.mp4"结尾，将画面、文字和音频时长调整至一致。

步骤 06 完成所有操作后，即可点击右上角"导出"按钮，将图片保存至相册。

▶ 拓展练习 17：使用"图文成片"功能制作生日祝福视频

本次拓展练习将使用"图文成片"功能制作一个生日祝福视频，为了让生日祝福视频变得轻松搞笑，将使用"智能匹配表情包"功能，自动生成表情包视频，让生日祝福视频能够脱颖而出，效果如图 7-39 所示。下面介绍具体操作方法。

图 7-39

步骤 01 打开剪映 APP，在主界面点击"图文成片"按钮，进入图片成文编辑界面。本实例将通过 AI 智能生成文案，点击"情感关系"按钮。进入文案生成编辑界面，在此界面输入需要的文案描述词和关键词，视频时长为"1分钟左右"，如图 7-40 所示。完成操作后点击下方"生成文案"按钮，等待一段时间后，文案将自动生成，如图 7-41 所示。

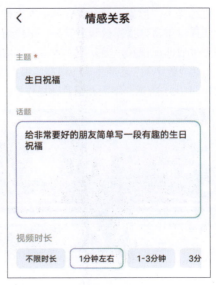

图 7-40

图 7-41

步骤 02 文案生成后，点击"生成视频"按钮，再点击"智能匹配表情包"按钮，如图 7-42 所示，等待一段时间，将自动生成视频，如图 7-43 所示。

图 7-42

第 7 章 使用 AI 辅助创作

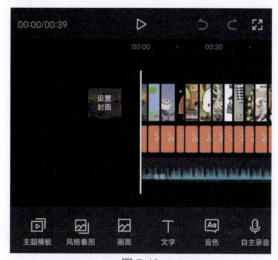

图 7-43

步骤 03 确认视频内容无须修改后，即可点击右上角"导出"按钮，将图片保存至相册。

> 提示
> 剪映 AI 生成文案为随机生成，每次生成的文案会不一样。

7.2 剪映的智能创作功能

现如今，剪映的智能创作功能越来越丰富，效果也越来越好。它不仅能够满足专业视频制作人员的需求，还能让普通用户轻松上手，创作出具有专业感的视频作品。剪映的智能创作功能，以其前沿的 AI 技术和创新的创作理念，为用户带来了前所未有的视频编辑体验，旨在帮助用户更轻松、高效地创作出高质量的视频作品。本节将从一键成片开始，介绍 6 个关于剪映的智能创作功能，一键让视频剪辑变得更加方便，画面变得更加精美。

例 070 一键成片：导入素材自动生成混剪视频

剪映的"一键成片"功能利用智能算法和大数据分析，快速组合视频素材、照片和音频成流畅视频。用户选择素材、设定主题和风格后，剪映自动剪辑、转场、配乐，无须手动操作。该功能节省时间和精力，确保视频连贯性和专业性。本实例将制作一个旅游 Vlog 视频，介绍如何使用一键成片功能，效果如图 7-44 所示。下面介绍具体操作方法。

图 7-44

步骤 01 打开剪映 APP，在主界面点击"一键成片"按钮，进入素材添加界面，按照顺序添加所需素材，如图 7-45 所示。在文本框中可以输入本视频主题，让视频生成效果更为精准。

图 7-45

步骤 02 添加素材视频后，进入视频模板选择界面，选择合适的模板，如图 7-46 所示。

图 7-46

步骤 03 确定视频内容无须修改后，即可点击右上角"导出"按钮，将视频保存至相册。

103

例 071　拍摄：巧用滤镜将美食拍出诱人色泽

剪映功能丰富，支持拍摄图片和视频，自带滤镜、美颜和特效，简化视频制作流程。本实例将展示如何利用剪映拍摄功能，通过滤镜拍出诱人的美食视频，效果如图 7-47 所示。下面介绍具体操作方法。

图 7-47

图 7-48

步骤 01 打开剪映 APP，在主界面点击"拍摄"按钮，进入拍摄界面。拍摄界面有"美颜"按钮，可以根据实际情况进行美颜调整，还有"模板"按钮，可以通过模板一键成片，点击底部"滤镜"按钮，在拍摄时即可看到滤镜效果，如图 7-48 所示。

步骤 02 在拍摄界面点击"滤镜"按钮，在滤镜选项框中选择"美食"选项，再选择"轻食"滤镜，如图 7-49 所示。

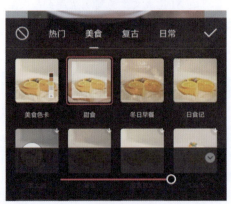

图 7-49

步骤 03 拍摄完成后，视频将会自动保存至相册。

例 072　超清画质：昏暗视频也能变得明亮又通透

随着技术发展，人们对视频画质要求提高。剪映的"超清画质"功能应运而生，采用强大图像处理技术，提升视频清晰度。该功能智能分析光线和色彩，自动调整亮度、对比度和饱和度，展现暗部细节，避免亮部过曝。即使在光线不足的环境下拍摄的视频，也能在剪映中呈现更佳效果。本实例将通过剪映"超清画质"功能，将一段模糊的雪天夜景视频变得更加有质感，效果如图 7-50 所示。下面介绍具体操作方法。

第 7 章 | 使用 AI 辅助创作

步骤 03 完成所有操作后，即可点击右上角"导出"按钮，将视频保存至相册。

> **提示**
> 本实例旨在强调剪映"超清画质"功能，在视频剪辑时，不一定要从主页"超清画质"处进入对视频画质进行调整，在日常视频剪辑中可以直接点击"调节"按钮，进行视频画质调整，这样更加便捷。

图 7-50

步骤 01 打开剪映 APP，在主界面点击"超清画质"按钮，进入素材添加界面，添加"素材 .mp4"，进入视频剪辑界面。

步骤 02 选中"素材 .mp4"，点击下方工具栏中的"调节"按钮，如图 7-51 所示，在调节选项框中点击"画质提升"按钮，再点击"超清画质"按钮，调整至"超清"，如图 7-52 所示，等待一段时间后，视频画质则调整完成。

例 073 智能抠图：一键抠除背景制作好看的商品图

剪映的智能抠图功能，除了在视频剪辑时可以使用，在图片抠像使用时功效也十分强大。当需要图片中某个商品元素时，则可以使用剪映智能抠图功能。本实例将介绍如何使用智能抠图功能，将制作好的商品中的商品元素分离出来，效果如图 7-53 所示。下面介绍具体操作方法。

扫描看视频

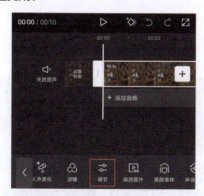

图 7-51

图 7-53

步骤 01 打开剪映 APP，在主界面点击"智能抠图"按钮，进入素材添加界面，添加图片素材"素材 .jpg"，进入图片编辑界面，将自动抠图，如图 7-54 所示。

步骤 02 系统自动抠图完成后，可以根据需要进行细节调整，如图 7-55 所示。确定抠图内容无误后，点击"背景预设"按钮，选择绿色背景，方便后续使用，同时双指长按预览区中商品，可以调整其大小和位置，如图 7-56 所示。

图 7-52

步骤 03 确认效果图无误后，即可点击右上角"导出"按钮，将图片保存至相册。

图 7-54

图 7-57

步骤 01 打开剪映 APP，在主界面点击"超清图片"按钮，进入素材添加界面，添加图片素材"素材.jpg"，进入图片编辑界面，将自动提升清晰度，如图 7-58 所示。

图 7-55

图 7-56

图 7-58

例 074 超清图片：一键拯救灰蒙蒙看不清的老照片

在数字技术时代，为了满足用户对高质量图片的需求，剪映特别推出了"超清图片"，旨在提升图片清晰度水平。本实例将通过改善一张老照片的清晰度，介绍如何使用剪映"超清图片"功能，效果如图 7-57 所示。下面介绍具体操作方法。

步骤 02 等待清晰度调整完成后，确认图片无须修改，即可点击右上角"导出"按钮，将图片保存至相册。

第 7 章 使用 AI 辅助创作

例 075 剪同款：使用模板制作抖音热门短视频

剪映的"剪同款"功能强大且受欢迎，用户可选择预设模板，将视频素材与热门效果结合，快速创作出独特视频。该功能提供多样模板，满足多样化需求。用户选择模板后导入素材，软件自动匹配并应用效果。一键完成滤镜、转场、音乐、字幕等，提高制作效率，降低门槛，让更多人享受创作乐趣。本实例将介绍如何制作抖音热门同款短视频，效果如图 7-59 所示。下面介绍具体操作方法。

扫描看视频

图 7-59

步骤01 打开剪映 APP，首先映入眼帘的是默认剪辑界面，也是剪映 APP 的剪辑主界面，在主界面底部导航栏中点击"剪同款"按钮，如图 7-60 所示，进入剪同款界面，该界面有非常多不同类型的模板可供使用，用户可以根据自己的需求找到合适的模板，如图 7-61 所示。

图 7-60　　　　　图 7-61

步骤02 为了剪辑一个抖音同款视频，点击上方搜索文本框，进入搜索界面，搜索界面下方包含热搜榜单，分为"实时热搜""爆款热搜"和"创作热搜"三个榜单，可以在其中找到时下抖音最热门的视频剪辑模板，如图 7-62 所示。点击实时热搜榜一"胶片感瞬间定格卡点"，则可进入"胶片感瞬间定格卡点"搜索结果界面，如图 7-63 所示，点击此界面"热搜 TOP1——完整榜单"按钮，即可看见完整的热搜榜单，在此界面可以找到时下最新、最全热点，如图 7-64 所示。

图 7-62　　　　　图 7-63

图 7-64

步骤03 回到"胶片感瞬间定格卡点"搜索结果界面，找到并点击"剪同款"按钮，如图 7-65 所示，进入素材添加界面，按照顺序添加本实例相应素材，如图 7-66 所示。

图 7-65　　　　图 7-66

步骤 04 添加素材后，进入模板视频剪辑界面，在此界面可对视频进行细节剪辑，如素材内容替换、素材顺序替换、素材画面大小更改、人物抠像和音量等，还可以为视频添加文本。

步骤 05 确认视频无须修改后，即可点击右上角"导出"按钮，将视频保存至相册。

▶▶ 拓展练习 18：使用剪映的"拍同款"功能拍摄美食视频

实例 075 已介绍在剪映剪辑抖音同款热门视频的方法，但"剪同款"需提前准备素材。为简化流程，剪映推出"拍同款"功能。实例 071 已提及拍摄功能中的模板功能，本次拓展视频将用到这个模板功能，介绍如何使用"拍同款"功能拍摄美食视频，效果如图 7-67 所示。下面介绍具体操作方法。

图 7-67

步骤 01 打开剪映 APP，在主界面点击"拍摄"按钮，进入拍摄界面。在拍摄界面中点击"模板"按钮，如图 7-68 所示，进入模板预览界面。

图 7-68

步骤 02 进入预览模板界面后，在下方选项栏中选择"美食"选项，找到合适的美食模板，并点击底部"拍同款"按钮，如图 7-69 所示。进入同款拍摄界面，既可以选择拍摄也可以选择导入本地素材，右上角会显示拍摄步骤示例，拍摄教学十分细致和详尽，如图 7-70 所示。

图 7-69　　　　图 7-70

步骤 03 本次拓展练习示例将导入本地照片素材"素材（1）.jpg"~"素材（4）.jpg"，点击"相册"按钮，即可添加本地素材。素材添加完成后，可对视频进行细节修改和文本添加，如图 7-71 所示。

图 7-71

步骤 04 确认视频无须修改后，即可点击右上角"导出"按钮，将视频保存至相册。

第 8 章　短视频综合实例

在当今数字化时代,短视频以其直观、生动、易于传播的特点,迅速成为社交媒体上的一大热门内容形式。无论是个人分享生活点滴,还是企业展示品牌形象,短视频都以其独特的魅力吸引着众多用户,本书旨在让每一位读者都能学会短视频剪辑。前 7 章已经详尽地向读者介绍了剪映手机版的各种玩法,本章将通过两个综合实例,运用前 7 章介绍的方法,让读者能够初步掌握一整套视频剪辑流程,能够综合性地掌握视频剪辑方法,帮助读者在实际操作中提升技能,激发创意。

8.1　汽水广告视频

本章第一个实例将通过一支汽水广告告诉读者如何使用手机版剪映更便捷地剪辑一个商品类视频,效果如图 8-1 所示。下面介绍具体操作方法。

图 8-1

例 076　制作片头

视频剪辑需制作片头,以快速吸引观众注意,建立主题氛围并引导观众继续观看。设计开头需有独特创意、精彩画面和音效,以提升视频传播效果。好的开头是短视频成功的关键,效果如图 8-2 所示。下面介绍具体操作方法。

扫描看视频

图 8-2

步骤 01 打开剪映 APP,在主界面点击"开始创作"按钮⊞,进入素材添加界面,按照顺序添加气泡水实例相应的视频素材,点击右下方"导入"按钮,进入剪辑界面。

步骤 02 在未选中任何素材的状态下,将时间线移动至开头位置,点击下方工具栏中的"音频"按钮♪,再点击"音乐"按钮◎,添加一首背景音乐,如图 8-3 所示。添加完成后,选中音频素材,点击下方工具栏中的"节拍"按钮⊡,再点击"自动踩点"按钮,为音频添加节拍点,如图 8-4 所示。

图 8-3

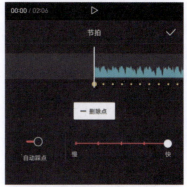

图 8-4

109

步骤03 本实例广告片头将采用"素材1.mp4"和"素材2.mp4",运用16个节拍的方式呈现,因为"素材1.mp4"正好有8个节拍时长,所以主要调整"素材2.mp4"时长。将时间线移动至第16个节拍点,选中"素材2.mp4",点击下方工具栏中的"分割"按钮，并将分割后的片段删除。

步骤04 时长调整完成后,将时间线移动至视频开头,为"素材1.mp4"添加文案"尝得到新鲜",字体设置如图8-5所示。字体颜色为默认白色,"字号"为15,"透明度"为100%,"字间距"为7,其余无须修改,如图8-6所示。

图 8-5

图 8-6

步骤05 为了让字体画面更好看,用双指移动预览区中画面字体位置和大小,在"尝得到"和"新鲜"中间留两个空格,如图8-7所示。

图 8-7

步骤06 为了让画面更丰富好看,根据上述方法,在"尝得到新鲜"文案下添加一个英文文案"Taste fresh",字体设置如图8-8所示,"字号"为5,"透明度"调整至60%,字体颜色为默认白色,"字间距"为5,如图8-9所示。

图 8-8

第 8 章 | 短视频综合实例

图 8-9

图 8-10

步骤 07 两段文案添加完成后,为了让出场画面"动"起来,根据第 3 章所学方法和步骤,分别为两段文字添加动画,如图 8-10 所示。动画时长分别为 1.5s、0.5s、1.5s、0.5s。

步骤 08 为了突出柠檬,将"手挤柠檬"这个动作放置在文字上层。选中主轨道视频"素材 1.mp4",点击下方工具栏中的"复制"按钮 ,再点击"切画中画"按钮 ,将画中画复制的"素材 1.mp4"与主轨道"素材 1.mp4"对齐。选中画中画复制"素材 1.mp4",点击下方工具栏中的"抠像"按钮 ,再选择"自定义"抠像,将预览区画面中"手挤柠檬"这个动作分离出来。

步骤 09 抠像完成后,继续选中画中画复制"素材 1.mp4",点击下方工具栏中的"层级"按钮 ,将画中画视频素材层级置顶。

步骤 10 "素材 1.mp4"剪辑完成后,"素材 2.mp4"将按照同样的方式剪辑,最终效果如图 8-11 所示。

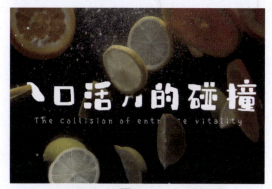

图 8-11

> **提示**
> 　　视频是由连续的静态图像(帧)组成的。每一帧都相当于一张静态的图片,抠图的过程就是在这张图片上精确地选择并分离出想要的前景元素,同时保留或替换背景。在视频抠图中,由于前景元素(如人物、物体等)在每一帧中的位置、形状、大小甚至颜色都可能有所变化,因此不能简单地对整个视频应用一个统一的抠图效果。所以,需要逐帧

111

> 检查并调整抠图参数，以确保前景元素在每一帧中都被准确地抠出。

步骤11 完成上述操作后，接着设计第三个画面。首先将时间线移动至"素材2.mp4"视频结尾处，点击"素材添加"按钮，在素材库中找到黑色背景素材并点击添加，如图8-12所示。添加完成后，再添加一句广告词并拆分成三段："别再等待""一口柠檬气泡水"和"酷爽很简单"，如图8-13所示。

图 8-12

图 8-13

图 8-14

步骤12 选中第一段文案素材，文字设置如图8-14所示。

步骤13 第二段和第三段文案素材与第一段文案素材文字设置基本一致，只有"字体"设置不同，分别选中第二段和第三段文案素材，选择"大字报"字体。

步骤14 字体设置完成后，再分别为三段文案素材添加动画效果，如图8-15所示。所有文案素材的入场和出场动画时长均为0.5s。

图 8-15

步骤15 字体设置完成后,还需商品展示,将时间线移动至末尾,选中"素材 10.mp4",点击下方工具栏中的"定格"按钮,再选中定格后的图片素材,点击下方工具栏中的"切画中画"按钮,将画中画定格图片素材移动至主轨道中新添加的黑色背景素材下方。再点击下方工具栏中的"抠像"按钮,将图中柠檬气泡水素材分离出来,如图 8-16 所示。抠像完成后,再点击"层级"按钮,将画中画定格图片素材置顶,并调整预览区中画中画素材和文字素材的大小和位置,如图 8-17 所示。

图 8-16　　　　　图 8-17

步骤16 选中画中画图片素材,为其添加入场动画"震波"和出场动画"渐隐",时长均为 0.5s。

步骤17 完成上述步骤后,为了让画面动态感更强,将时间线移动至新添加的黑色背景素材开头,在未选中任何素材的状态下,点击"画中画"按钮,在素材库中搜索"发光线条",并点击"添加"按钮。

步骤18 添加完成后,由于有黑色背景,选中光束素材,点击下方工具栏中的"混合模式"按钮,再选

113

择"滤色"选项，这样就只留下银白色光束元素。

步骤 19 添加完成后，再选中光束素材，点击"层级"按钮，将光束素材调整至画中画图片素材下方。

步骤 20 完成上述步骤后，为了让画面更加动感，选中光束素材，再点击下方工具栏中"变速"按钮，选择"曲线变速"选项，再点击"闪出"变速，点击"编辑"按钮，进入闪出变速编辑框，调整如图 8-18 所示。调整完成后，确认并保存设置。

较于例 076 片头制作要更为简单，效果如图 8-19 所示。下面介绍具体操作方法。

图 8-19

步骤 01 回到剪辑界面，由于例 076 已经添加了所有素材，所以本实例只需要对视频时长进行调整。选中需要调整的"素材 9.mp4"，将时间线移动至装饰物将要放下的位置，点击下方工具栏中的"分割"按钮，并将分割后前面的素材片段删除，如图 8-20 所示。再将时间线移动至第 60 个节拍点，点击"分割"按钮，将剩下多余的素材删除，如图 8-21 所示。

步骤 02 然后选中"素材 10.mp4"，将时间线移动至第 64 个节拍点位置，点击"分割"按钮，再将分割后剩余素材删除。视频素材删除完成后，同时将多余的音频素材删除，与主轨道素材时长对齐，如图 8-22 所示。

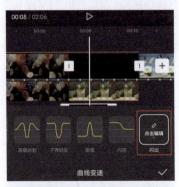

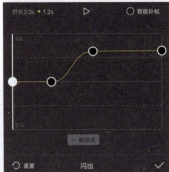

图 8-18

步骤 21 因为文字素材有入场动画设置，发光素材需与文字素材动画时间进行匹配。所以将光速素材移动至 00:08 的位置，也是文字素材入场动画完成的位置。

步骤 22 点击黑色背景素材和"素材 4.mp4"中间"转场"按钮，添加转场"闪白"。为了更好地与背景音乐融合，将第三段时间轴中黑色背景素材、所有文字素材和画中画图片素材时长延长至第 24 个节拍点位置。

步骤 23 完成上述步骤后，片头即制作完成。

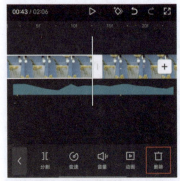

图 8-20

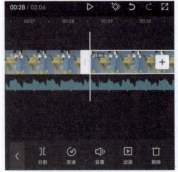

图 8-21

例 077 剪辑视频

本实例将对片头之后的素材进行剪辑，主要内容为柠檬气泡水的具体展示和强调片尾产品，步骤和内容相

扫描看视频

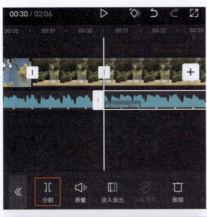

图 8-22

步骤03 完成上述步骤后，视频即剪辑完成。

例 078 视频调色

视频剪辑后的调色是视频制作的重要环节。它能修复色彩问题，强化情感表达，营造氛围，突出焦点，并保持风格统一。调色既是技术工作，也是艺术创作，能展现创作者个性。专业调色使视频更吸引人，更好传达信息，增强观众体验，因此，重视并精心处理调色环节至关重要，效果如图 8-23 所示。下面介绍具体操作方法。

图 8-23

步骤01 回到剪辑界面，例 077 已经完成了整体视频粗剪，本实例将对视频进行调色，让整体画面更加协调和美观。选中"素材 1.mp4"，点击"调节"按钮，再点击"智能调色"按钮，数值为 80，点击"亮度"按钮，数值为 -5，点击"对比度"按钮，数值为 10，点击"饱和度"按钮，数值为 5，调整完成后，点击左下方"全局应用"按钮，如图 8-24 所示。

图 8-24

步骤02 步骤 01 画面调色是为了让"素材 1.mp4"和"素材 2.mp4"的背景黑色看起来更黑，质感更好，但是该调色让其余画面颜色过重。而画中画已对原本"素材 1.mp4"和"素材 2.mp4"画面元素进行抠像分离，所以只需要将画中画"素材 1.mp4"和"素材 2.mp4"步骤 01 的调节数值重置即可。选中画中画"素材 1.mp4"和"素材 2.mp4"，分别点击"调节"按钮，再点击下方"重置"按钮，即可将原本调节内容删除，如图 8-25 所示。

图 8-25

步骤03 完成上述步骤后，视频调色即完成。

例 079 制作动画

扫描看视频

第 1 章例 008 已介绍添加动画效果的方法。在视频剪辑中，动画效果能增强视觉动态与活力，提升视频的专业度和吸引力，使观众更易被吸引。本实例在片头已添加动画效果，正片产品展示部分则较为简单，效果如图 8-26 所示。下面介绍具体操作方法。

图 8-26

步骤01 回到剪辑界面，将时间线移动至片头末尾位置，为了让画面动态感更强，选中"素材 4.mp4"，点击下方工具栏中的"动画"按钮，选择入场动画"展开"，时长为 1.5s。再选中"素材 9.mp4"，添加出场动画"放大"，时长为 0.5s，如图 8-27 所示。

步骤02 动画效果添加完成后，再点击时间轴中"素材 9.mp4"和"素材 10.mp4"中间"转场"按钮，添加"雾化"转场，时长为 0.5s。

步骤03 完成上述步骤后，正片动画效果即制作完成。

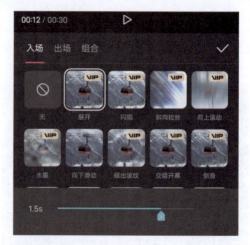

第 8 章 | 短视频综合实例

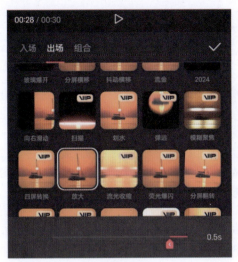

图 8-27

例 080 制作字幕

视频添加字幕是为了对画面内容进行解释或者补充。为了强调商品，本实例需要在视频结尾添加一段广告词，效果如图 8-28 所示。下面介绍具体操作方法。

图 8-28

步骤 01 继续回到剪辑界面，前面主要文案都放置在了片头，为了首尾呼应，需要在片尾添加文案，再次强调"柠檬气泡水"这一商品。在未选中任何素材的状态下，将时间线移动至"素材 10.mp4"的开头位置，添加一句文案"柠檬气泡清爽一夏"，为了让"柠檬气泡"和"清爽一夏"排成两排，输完"柠檬气泡"后，点击输入法中的"回车"按钮 ，将"清爽一夏"移动至第二排，文字样式颜色根据第 3 章 3.3 节拓展练习中所介绍的方法，选中"柠檬"二字，将其颜色更改为黄色，再将"气泡"更改为蓝色，"清爽一夏"更改为白色，字体具体设置如图 8-29 所示。其余设置维持默认。

117

图 8-29

步骤 02 第一段文案设置完成后，再在下方添加一段文案"你值得拥有"，字体字样设置如图 8-30 所示，其余设置维持默认。

步骤 03 文字添加完成后，分别给两段文字添加入场动画"逐字显影"，时长均为 0.5s。

步骤 04 设置完成后，在预览区画面中调整文字大小和位置，让画面更和谐美观，并将文字时长与视频时长对齐。

图 8-30

> **提示**
> （1）完成上述步骤后，读者还可以根据个人需求对视频进行细节上的个性化调整，本实例是对前面章节介绍方法的精炼总结，所以本实例会省略一些步骤，专注于核心技巧的运用。完成所有步骤后，即可点击右上角"导出"按钮，将视频保存至相册。
> （2）短视频广告的创作方式多种多样。在自行创作时，读者可以结合拍摄技巧，运用综合思维来制作视频。
> （3）无论是采用叙事手法还是直接展示，视频的制作都应聚焦于产品，确保其特点和优势得到有效传达。
> （4）制作短视频广告的最终目的是吸引并保持观众的兴趣。只要视频内容能够激发观众的好奇心，即为成功的创作。

8.2 假期出游 Vlog

8.1 节详细地介绍了如何使用剪映手机版制作一个柠檬气泡水广告，随着数字时代的到来，拍 Vlog 成为人们分享日常最流行的方式。剪辑 Vlog 的方式有很多种，本实例将介绍如何剪辑简短的音乐 MV 式 Vlog，旨在让所有读者都能更快上手，能更便捷地剪辑一个旅游 Vlog 视频，效果如图 8-31 所示。下面介绍具体操作方法。

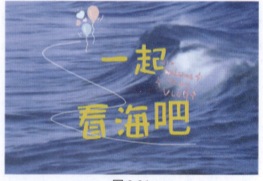

图 8-31

例 081 制作片头和添加背景音乐

好的片头能吸引观众。本案例从片头开始，介绍剪辑方法，采用 Plog 转 Vlog 剪辑法。Plog 是图片为主的社

扫描看视频

交媒体日志，Vlog 是视频为主的社交平台日志。两者结合，新颖活泼，通过图片转视频开头设置悬念，效果如图 8-32 所示。接下来介绍具体操作。

图 8-32

步骤01 打开剪映 APP，在主界面点击"开始创作"按钮，进入素材添加界面，按照顺序添加旅游 Vlog 所有相应的视频素材，点击右下方"导入"按钮，进入剪辑界面。

步骤02 Plog 转 Vlog 需要配合背景音乐鼓点达到最好呈现效果，所以，在添加素材完成后即可添加一首背景音乐。在未选中任何素材的状态下，将时间线移动至开头位置，点击下方工具栏中的"音频"按钮，再点击"音乐"按钮，添加一首背景音乐，如图 8-33 所示。添加完成后，选中音频素材，点击下方工具栏中的"节拍"按钮，再点击"自动踩点"按钮，为音频添加节拍点，如图 8-34 所示。

图 8-33

图 8-34

步骤03 添加音乐完成后，选中"素材 1.mp4"进行剪辑调整。将时间线移动至画面中街道全景的位置，以便于画面中有多个元素，如图 8-35 所示。点击"分割"按钮，并将分割后前面的片段删除，时间轴将自动跳转至开头。将时间线置于开头位置，选中"素材 1.mp4"，点击下方工具栏中"定格"按钮，分离出"素材 1.mp4"中开头帧的画面，如图 8-36 所示。

图 8-35

图 8-36

步骤04 选中定格后的图片素材，点击下方工具栏中的"抠像"按钮，再点击"自定义抠像"按钮，在预览区画面中用画笔画出所需要分离的第一个元素，如图8-37所示。确认抠像元素范围后，点击"抠像描边"按钮，选择"撕纸描边"效果，将"距离"调整为20，其余为默认设置，如图8-38所示。

图8-37　　　　　图8-38

步骤05 抠像完成后确认并保存设置，将时间线移动至第2个节拍点，选中图片素材，点击"分割"按钮，如图8-39所示，再选中分割后第二段图片素材，点击"抠像"按钮，通过自定义抠像功能，继续在预览区画面中选择第二个抠像元素，如图8-40所示。由于第一段图片素材抠像时已选择描边设置，所以第二段图片素材将保留描边设置，同样根据上述步骤，再将时间线移动至第3个节拍点位置，选中图片素材，点击"分割"按钮，选中分割后的第三段图片素材，点击"抠像"按钮，通过自定义抠像功能，继续在预览区画面中选择第三个抠像元素，如图8-41所示。

图8-39　　　　　图8-40

图8-41

步骤06 完成上述操作后，配合背景音乐节拍，将第三段图片素材时长延长至第3个节拍点和第4个节拍点中间位置，同时将时间线移动至第5个节拍点前面的位置，选中"素材1.mp4"，点击"分割"按钮，将多余的视频删除，如图8-42所示。

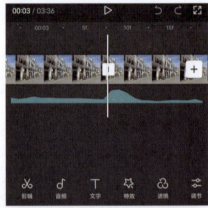

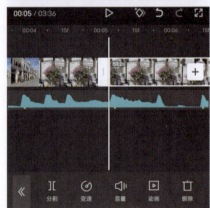

图8-42

步骤07 根据"素材1.mp4"的剪辑方法对"素材2.mp4"进行剪辑，最终效果如图8-43所示。

图 8-43

步骤 08 完成上述步骤后，Plog 转 Vlog 片头即制作完成。

例 082 剪辑视频

片头制作完成后，需要对后续视频进行初步剪辑和调整，再进行其他转场、动画添加等细节步骤。本实例将对正片视频进行时长和内容上的调整，效果如图 8-44 所示。下面介绍具体操作方法。

扫描看视频

图 8-44

步骤 01 回到剪辑界面，选中"素材 3.mp4"，为了让画面整体能衔接和承上启下，达到主客观转场，将时间线移动至女生正面拿相机的画面，选中"素材 3.mp4"，点击下方"分割"按钮，将分割后前面的素材删除，如图 8-45 所示。首先做一个人物出场效果，运用第 5 章 5.2 节例 050 介绍的方法制作，选中分割后视频"素材 3.mp4"，点击下方"定格"按钮，定格出一张人物图，如图 8-46 所示。

图 8-45

图 8-46

步骤 02 选择定格后的图片素材，将时长调整至第 10 个节拍点位置，点击"抠像"按钮，再点击"智能抠像"按钮，将人物分离出来，并点击"抠像描边"按钮，选择"虚线描边"效果，颜色为棕色，"大小"为 34，其余设置保持不变。

步骤 03 抠像完成后，在未选中任何素材的状态下，将时间线移动至图片素材开头，为该片段添加贴纸，丰富画面内容，如图 8-47 所示。

图 8-47

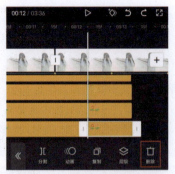

图 8-48

图 8-49

步骤 05 完成上述步骤后,在预览区画面中调整所有画面元素大小和位置。

步骤 06 预览区画面调整完成后,选中视频"素材3.mp4",将时间线移动至第 12 个节拍点的位置,点击"分割"按钮,将多余的素材片段删除。

步骤 07 接下来调整后续的视频素材。将时间线移动至第 13 个节拍点后面不远的位置,选中"素材4.mp4",点击"分割"按钮,将多余的素材片段删除,如图 8-50 所示。

图 8-50

> **提示**
>
> 为了使最终的视频效果更加丰富,我们需要对图 8-47 中最后一个贴纸素材执行一次复制和粘贴的操作。这样,原本的两朵花就会巧妙地变为四朵,倍增视觉效果。

步骤 04 贴纸添加完成后,将所有贴纸时长调整至如图 8-48 所示,并添加出场动画"渐隐",时长为 1s,如图 8-49 所示。

步骤 08 再将时间线移动至第 14 个节拍点处,选中"素材5.mp4",点击"分割"按钮,将多余的素材片段删除,如图 8-51 所示。

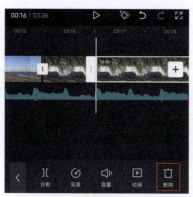

图 8-51

步骤09 再将时间线移动至第 16 个节拍点后方,也就是有歌词人声的位置,选中"素材 6.mp4",点击"分割"按钮,将多余的素材片片段删除,如图 8-52 所示。

图 8-52

步骤10 将时间线移动至第 18 个节拍点和第 19 个节拍点中间位置,也就是第二句歌词开始的位置,选中"素材 7.mp4",点击"分割"按钮,将多余的素片段删除,如图 8-53 所示。

图 8-53

步骤11 再将时间线移动至第二句歌词结束,第三句歌词开始的位置,选中"素材 8.mp4",点击"分割"按钮,将多余的素材片段删除,如图 8-54 所示。

图 8-54

步骤12 最后将时间线移动至第三句歌词结束,第四句歌词开始的位置,选中"素材 9.mp4",点击"分割"按钮,将多余的素材片段和背景音乐素材删除。以上正片所有视频内容调整完成,如图 8-55 所示。

图 8-55

例 083 制作转场和动画效果

初步剪辑完成后,即可对视频其余部分添加动态效果。

步骤01 回到剪辑界面,将时间线移动至"素材 2.mp4"和"素材 3.mp4"中间位置,点击"转场"按钮,添加"闪黑"转场,时长为 0.5s,如图 8-56 所示。再将时间线移动至"素材 6.mp4"和"素材 7.mp4"中间位置,点击"转场"按钮,添加"雪花故障"转场,如图 8-57 所示。

图 8-56

图 8-57

步骤02 转场效果添加完成后,选中"素材 3.mp4", 点击"动画"按钮,添加入场动画"向上闪入", 时长为 0.3s, 如图 8-58 所示。再选中"素材 9.mp4", 点击"动画"按钮,添加出场动画"渐隐",时长 为 1s, 如图 8-59 所示。

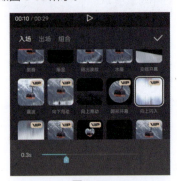

图 8-58

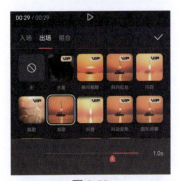

图 8-59

步骤03 全部动画即添加完成。

例 084 添加字幕

视频中字幕的添加也十分重要,本实例所需添加字幕并不多且不复杂,下面介绍添加字幕的位置和方法,效果如图 8-60 所示。下面介绍具体操作方法。

扫描看视频

图 8-60

步骤01 回到剪辑界面,首先为视频添加一个标题式文案。将时间线移动至"素材 6.mp4"开头位置,在未选中任何素材的状态下,点击"文字"按钮,添加两段文本"一起"和"看海吧",两段文字设置一致,如图 8-61 所示,其余设置维持默认。

图 8-61

步骤02 文案添加完成后,为了让画面更加丰富,可以添加多个手写风贴纸,如图 8-62 所示。

第 8 章 短视频综合实例

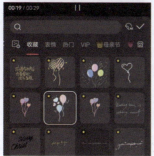

图 8-63

步骤 05 完成上述操作后，所有字幕即添加完成。

提示

（1）添加贴纸的目的是让画面变得丰富好看，读者可以根据自己的喜好添加合适的贴纸。

（2）贴纸也包含文字样式，与文字模板不同的是，文字模板可以更改文字内容，但不能更改动画效果，而贴纸中的文字不能更改任何内容，只能更改动画效果。

图 8-62

步骤 03 添加完成后，将所有文字和贴纸素材与"素材 6.mp4"时长对齐，接着在预览区画面中调整整体层级、位置和大小。

步骤 04 完成上述操作后，再根据背景音乐添加歌词字幕。点击"识别歌词"按钮，则歌词字幕自动生成，再点击"批量编辑"按钮，歌词字幕文字设置"字号"为 6、"字间距"为 5、发光效果"强度"为 30、"范围"为 65，如图 8-63 所示。

例 085 视频调色

视频调色在剪辑中是不可或缺的一环。它不仅能够强化影片的情感表达、营造氛围，还能够为视频塑造独特的视觉风格，为观众带来更为深刻、震撼的观影体验。本实例旅游 Vlog 视频制作最后一个步骤则为视频调色，让整体画面更有趣更精致，效果如图 8-64 所示。下面介绍具体操作方法。

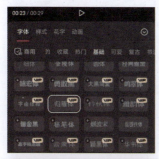

图 8-64

125

步骤01 回到剪辑界面，将时间线移动至"素材3.mp4"图片定格开头位置，在未选中任何素材状态下点击下方工具栏中的"滤镜"按钮，添加"绿妍"滤镜，如图8-65所示，将时长与素材3.mp4"对齐。

步骤03 滤镜添加完成后，将时间线移动至开头位置，"素材1.mp4"和"素材2.mp4"（包括视频和图片）调色设置一致，选中"素材1.mp4"，点击"调节"按钮，设置"亮度"为-7、"对比度"为10、"饱和度"为8、"色温"为-11、"色调"为6，如图8-68所示。

图8-65

步骤02 再将时间线移动至"素材7.mp4"开头位置，添加滤镜"晴空"，如图8-66所示，将时长延长至"素材9.mp4"的末尾。再添加滤镜"法式"，如图8-67所示，将时长延长至"素材8.mp4"末尾位置。

图8-66

图8-67

第 8 章 短视频综合实例

图 8-68

步骤 04 完成上述操作后,接下来通过使用特效功能改变画面效果。将时间线移动至"素材 4.mp4"开头位置,在未选中任何素材的状态下点击"特效"按钮,再点击"画面特效"按钮,添加"海鸥 DC"特效,如图 8-69 所示,并将时长延长至"素材 5.mp4"末尾,如图 8-70 所示。

图 8-69

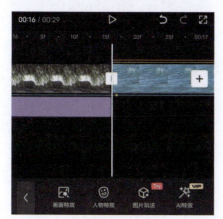

图 8-70

步骤 05 再根据上述方法,将时间线移动至"素材 6.mp4"开头位置,添加"隔行 DV"特效,添加该特效一样可以达到视频调色效果。选中特效素材,

点击"复制"按钮,再添加一个"隔行 DV"特效效果,如图 8-71 所示。

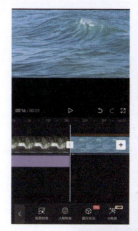 

图 8-71

步骤 06 完成上述所有操作后,确定视频没有其余需要修改处,即可点击右上角"导出"按钮,将视频保存至相册。

> **提示**
> 　　本案例旨在向读者介绍如何制作旅游 Vlog 视频,后续读者还可以根据歌词添加旅游素材,让视频内容更加丰富。

127

下篇 | 剪映专业版（电脑版）

02»

第 9 章 掌握专业版（电脑版）剪辑的基础操作

剪映专业版是计算机端视频剪辑软件，支持 mac OS 和 Windows 版本，为自媒体从业者、爱好者及专业人士提供高效专业工具。其拥有强大素材库，支持多轨编辑及多种格式，通过 AI 技术赋能创作，如语音识别、智能踩点等。相较于手机版，专业版功能更高级，支持精细素材管理、多轨道调整等，输出质量高至 4K、60fps。虽 AI 效果略逊于手机版，但软件全中文，界面直观易用，功能齐全易上手。

本章同样采用实例讲解模式，详细向读者介绍剪映专业版的使用方法，让读者能全方位地掌握剪映的使用方法。

例 086　添加素材：制作智慧家居广告

剪映专业版同手机版一致，也从如何添加素材开始。本案例将制作一个简单的智慧家居广告，效果如图 9-1 所示。下面介绍具体操作方法。

扫描看视频

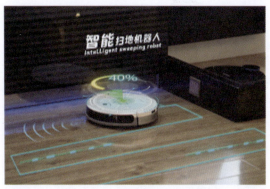

图 9-1

步骤01 打开剪映专业版，首先映入眼帘的是默认剪辑界面，也是剪映专业版的剪辑主界面，在主界面单击"开始创作"按钮，进入素材添加界面，如图 9-2 所示。

图 9-2

步骤02 进入视频编辑界面，此时已经创建了一个视频剪辑项目，单击"导入"按钮 导入，如图 9-3 所示。

图 9-3

步骤03 在打开的"请选择媒体资源"对话框中，打开素材所在的文件夹，选择需要使用的图像或视频素材，选择后单击"打开"按钮，如图 9-4 所示。

图 9-4

步骤04 完成上述操作后，选择的素材将导入剪映软件的本地素材库中，如图 9-5 所示，用户可以随时调用素材进行编辑处理。

图 9-5

图 9-7

步骤 05 按住鼠标左键，将本地素材库中的素材拖入时间线区域，执行操作后，即可在剪映软件中对素材进行编辑，如图 9-6 所示。

步骤 01 打开剪映专业版，在主界面单击"开始创作"按钮，进入素材添加界面。根据实例 087 介绍的步骤，选择"倒计时素材.mp4"，如图 9-8 所示，将"倒计时素材.mp4"导入本地素材库，然后将素材库中的"倒计时素材.mp4"移动至时间轴主轨道。

图 9-6

步骤 06 完成所有操作后，即可单击右上角"导出"按钮，将视频保存至计算机文件夹中。

提示

在使用剪映 APP 时，由于图片和视频都是从"相册"中找到，所以"相册"就相当于剪映的"素材库"。但对于剪映专业版而言，计算机中没有一个固定的、用于存储所有图片和视频的文件夹，所以剪映专业版会出现单独的"素材库"。使用剪映专业版进行后期处理的第一步，就是将准备好的一系列素材全部添加到"素材库"中，在后期处理过程中，需要哪个素材，直接将其从素材库拖至时间线区域即可。

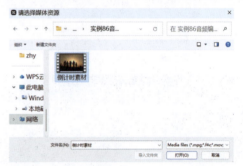

图 9-8

步骤 02 再单击工具栏中的"音频"按钮，即可在音频选项栏中看到"音乐素材""音效素材""抖音收藏""链接下载"5 个选项。单击"音频"选项栏中的"音效素材"按钮，在搜索界面搜索倒计时音效，即可在"音效素材"选项栏中看到匹配的音效素材，选中合适的音效素材，并按住鼠标左键，将音效素材拖入时间轴即可，如图 9-9 所示。

例 087 音频编辑：制作倒计时回声效果

剪映专业版不仅继承了手机版的直观易用性，还扩展了更多专业级工具，以满足更高标准的音频编辑需求。本实例将制作一个倒计时回声效果视频，通过实例的方式介绍如何使用剪映专业版音频编辑功能，效果如图 9-7 所示。下面介绍具体操作方法。

扫描看视频

图 9-9

步骤 03 选中轨道中的音频素材后，即可在界面右上角看到音频素材调整区，在素材调整区中单击"声音效果"按钮，再单击"场景音"按钮，其中关于有回声效果的音效有很多种，选择最合适的音效即可，如图9-10所示，回声音效即制作完成。也可以根据需求调整素材调整区中的"强度"选项，让音效达到最合适的效果。

图9-10

步骤04 本实例的倒计时回声效果即制作完成，在倒计时效果结束后还可以添加合适的背景音乐，让视频内容更加丰富。

步骤05 完成所有操作后，即可单击右上角"导出"按钮，将视频导出并保存至计算机提前设置好的文件夹中。

例088 入点出点：制作时尚活动快剪

在剪辑中，入点和出点用于标记视频素材的起始和结束位置，便于裁剪和选择。入点是开始观看或编辑的起始时间点，出点是结束的时间点。确定后，可轻松剪辑片段或进一步编辑。本案例将介绍如何通过时尚活动实例使用入点和出点功能，效果如图9-11所示。下面介绍具体操作方法。

图9-11

步骤01 打开剪映专业版，在主界面单击"开始创作"按钮，进入素材添加界面。按照顺序添加本实例相应的视频素材至时间轴，然后对素材进行剪辑。

步骤02 剪辑完成后，由于结尾剩下了一些多余的视频素材，我们可以选中多余的素材进行删除，也可

以不删除直接将剪辑完成后的素材导出。

步骤03 将时间线移动至时间轴的开头，在未选中任何素材的状态下，右击，将弹跳出一个选项框，选项框中有一个"时间区域"选项，将光标移动至选项框中的"时间区域"选项，可以看到再次弹跳出的选项框中有"区域入点""区域出点""一片段选定区域""取消选定区域"4个选项，选择选项框中"区域入点"选项，再将时间线移动至时间轴中剪辑完成的末尾处，在未选中任何素材的状态下，右击并选择"区域出点"选项，如图9-12所示。

图9-12

步骤04 区域确定完成后，即可单击右上角"导出"按钮，将视频保存至计算机文件夹中。

例089 分割素材：制作萌宠日常Vlog

剪映专业版的分割功能相较于手机版要更加丰富和细致，可以让使用者能精准定位到毫秒。本实例将通过制作一个萌宠日常Vlog，介绍如何使用剪映分割功能的基础用法，效果如图9-13所示。下面介绍具体操作方法。

图9-13

步骤01 打开剪映专业版，在主界面单击"开始创作"按钮➕，进入素材添加界面。添加本实例相应视频素材，并将素材区中的视频素材移动至时间轴主轨道，再单击工具栏中的"音频"按钮🎵，在默认的"音乐素材"选项栏中添加合适的背景音乐至时间轴中，如图 9-14 所示。

步骤04 再选中音频素材，在素材调整区中将"淡出时长"调整为 1.0s，如图 9-17 所示。选中最后一个素材视频"素材6.mp4"，在素材调整区中单击"动画"按钮，选择出场动画"渐隐"，时长为 0.5s，再选中"素材1.mp4"，选择入场动画"渐显"，时长为 0.7s，如图 9-18 所示。

图 9-14

图 9-17

步骤02 接着将时间轴放大，根据背景音乐对视频进行剪辑。在剪映专业版中，能很清晰且直观地看到音频的波形，锯齿越高代表声音越大，反之声音越小，而波形的大小变化也能很直观地看出音频气口位置，更好地判断视频剪辑点。本实例音频的波形十分有规律，将时间线移动至音频第二段波形开头位置，同时视频时长为 00:00:01:12 位置，单击常用功能区中的"分割"按钮✂，分割则完成，如图 9-15 所示。再选中分割后的第二段素材视频，单击"删除"按钮🗑，将其删除。

图 9-15

步骤03 后面的素材将通过同样的方式进行分割删除，最终如图 9-16 所示。

图 9-16

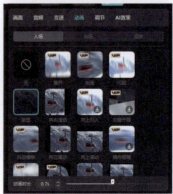

图 9-18

步骤05 完成上述操作后，可以为视频添加合适的滤镜和转场，让画面更统一、和谐且精美。在工具栏中单击"转场"按钮，将时间线移动至"素材2.mp4"

和"素材3.mp4"衔接处,单击"闪黑"转场中的"添加"按钮,或长按鼠标左键,将"闪黑"转场拖动至时间轴中"素材2.mp4"和"素材3.mp4"衔接处,时长为0.5s,如图9-19所示。

图 9-19

步骤06 再将时间线移动至"素材4.mp4"和"素材5.mp4"衔接处,添加"叠加"转场,时长为0.5s,如图9-20所示。

图 9-20

步骤07 再将时间线移动至"素材5.mp4"和"素材6.mp4"衔接处,添加"左移"转场,时长为0.5s,如图9-21所示。

图 9-21

步骤08 转场添加完成后,再单击"滤镜"按钮,添加滤镜"日光吻"。再单击"特效"按钮,添加"柔光"特效,如图9-22所示。

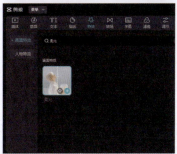

图 9-22

步骤09 为了让视频内容更丰富,单击"文本"按钮,单击"文字模板"按钮,选择一个合适的文本标题,如图9-23所示,添加完成后在素材调整区中更改适合本视频的文案。

图 9-23

步骤10 完成所有操作后,即可单击右上方"导出"按钮,将视频保存至计算机文件夹中。

例 090 向左/右裁剪:制作毕业纪念短片

实例089介绍了如何使用剪映专业版分割功能,但同时从实例089可知在使用分割功能时,还需再单击"删除"按钮,这样十分耗费剪辑时间,而使用向左/向右裁剪功能就可以达到一键分割删除。本实例将通过制作毕业纪念短片向读者介绍如何使用向左/右裁剪功能,效果如图9-24所示。下面介绍具体操作方法。

扫描看视频

133

图 9-24

步骤01 打开剪映专业版，在主界面单击"开始创作"按钮￼，进入素材添加界面。添加本实例相应视频素材，并将素材区中的视频素材移动至时间轴主轨道，再单击工具栏中的"音频"按钮￼，单击"音乐素材"和"音频素材"按钮，添加合适的背景音频至时间轴中，如图 9-25 所示。

图 9-25

步骤02 将时间线移动至 00:00:03:00 的位置，选中"素材 1.mp4"，单击常用功能区中"向右裁剪"按钮￼，如图 9-26 所示，即可直接将分割后不需要的素材删除。当然如果是分割后前半段素材多余，也可以单击常用功能区中"向左裁剪"按钮￼，例如第二个片段只需"素材 2.mp4"最后一个画面，将时间线移动至 00:01:00:10 的位置，单击"向左裁剪"按钮￼，即将最后一个画面保留，如图 9-27 所示。为了与第三个片段衔接更流畅，将时间线移动至 00:00:06:10 的位置，单击"向右裁剪"按钮￼，将多余的片段删除。

图 9-26

图 9-27

步骤03 开头两段视频剪辑完毕，即可对音频进行修改，将"蝉鸣"音效时长与两个片段时长对齐。再选中音频素材，在素材调整框中，将"音量"调整至 8.0dB，"淡出时长"为 1.0s，如图 9-28 所示。

图 9-28

步骤04 再选中音乐素材，将其移动至 00:00:05:15，也正是音效素材将要淡出的位置，并将"淡入时长"调整为 1.5s，这里采用的是例 040 介绍的声音转场 L-cut（声音后置）方法进行制作的，如图 9-29 所示。

图 9-29

步骤05 背景音频修改完成后，将时间线移动至开头位置，添加两段文案，然后选中两段文案，单击素材调整框中"朗读"按钮，选择一种声音类型，开始朗读文案，朗读音频将自动生成至时间轴中，将文字时长与音频时长对齐，如图 9-30 所示。

第 9 章 | 掌握专业版（电脑版）剪辑的基础操作

图 9-30

步骤 06 开头制作完成后，根据背景音乐歌词部分剪辑片段，并给结尾片段添加出场动画"渐隐"，时长为 0.5s。最终剪辑如图 9-31 所示。

图 9-31

步骤 07 完成上述操作后，还可以根据自己的喜好添加滤镜和转场，还可以给视频添加歌词字幕，丰富视频内容。

步骤 08 完成所有操作后，即可单击右上角"导出"按钮，将视频保存至计算机文件夹中。

例 091 复制粘贴：制作水果店铺广告

扫描看视频

剪映专业版最大的优势就是功能非常直观，并且比手机版在剪辑时各功能之间的联系逻辑性也要更清晰。本实例将制作一支水果店铺广告，介绍如何使用剪映专业版复制粘贴功能，效果如图 9-32 所示。下面介绍具体操作方法。

图 9-32

步骤 01 打开剪映专业版，在主界面单击"开始创作"按钮，进入素材添加界面。添加本实例相应视频素材，并将素材区中的"素材 1.mp4"移动至时间轴主轨道，再单击工具栏中的"音频"按钮，单击"音乐素材"按钮，添加合适的背景音乐至时间轴中，如图 9-33 所示。

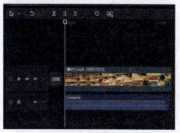

图 9-33

步骤 02 选中背景音乐，单击常用功能区中的"添加标记"按钮，再单击"踩节拍Ⅰ"按钮，剪映专业版也可以自动生成音乐节拍点，如图 9-34 所示。

图 9-34

步骤 03 根据生成的节拍点对"素材 1.mp4"进行剪辑，将时间线移动至第 2 个节拍点位置，选中"素材 1.mp4"，单击常用功能区中"向右裁剪"按钮，如图 9-35 所示，裁剪完成后，选中"素材 1.mp4"，右击并选择"复制"选项，如图 9-36 所示，再将时间线移动至"素材 1.mp4"结尾处，右击并选择"粘贴"选项，重复此操作 7 次，选中最后一段素材，将其时间延长至第 9 个标记点，最终时间轴素材排列如图 9-37 所示。

步骤 04 选中素材区中"素材 2.mp4"并长按鼠标左键，将其拖动至时间轴第二段素材区域，这样可以直接替换素材，如图 9-38 所示。或者右击并选择"替换"选项，也可以替换素材。在替换素材编辑框中，选择好合适的片段，如图 9-39 所示，再单击"替换片段"按钮。

图 9-35

图 9-36

步骤 05 按照同样的方法替换后面的素材，替换完成后，选中音乐素材，将其时长与视频时长对齐，再将"淡出时长"调整为 1s。

步骤 06 完成上述操作后，为了让视频看起来更加动感，为所有视频片段添加组合动画，为了突出主题，在视频开头添加片头标题，还可以添加滤镜，让视频画面看起来更精致。

步骤 07 完成所有操作后，即可单击右上角"导出"按钮，将视频保存至计算机文件夹中。

> **提示**
>
> 在剪辑视频时，有些素材会有多个画面，所以在片段选取上，一个素材可以作用于不同的片段，例如本实例中片段 4 和片段 6 都是采用的"素材 4.mp4"。

图 9-37

例 092 画面调整：制作抖音竖版视频

本书的第 1 章 1.2 节拓展练习介绍了如何使用剪映手机版将画面从横屏变为竖屏视频，同样剪映专业版一样可以制作竖版视频，也同样可以将横屏视频变为竖屏视频。本实例将通过一个实例介绍如何在剪映专业版中进行画面调整，效果如图 9-40 所示。下面介绍具体操作方法。

图 9-38

图 9-39

图 9-40

第 9 章 掌握专业版（电脑版）剪辑的基础操作

步骤01 打开剪映专业版，在主界面单击"开始创作"按钮＋，进入素材添加界面。添加本实例相应视频素材，并将素材区中的视频素材移动至时间轴主轨道，再选中时间轴中"素材 1.mp4"，可以单击常用功能区中的"调整大小"按钮 ，也可以右击并选择"基础编辑"按钮，再单击"裁剪比例"按钮，如图 9-41 所示。

图 9-43

步骤04 后面的素材将根据上述方法进行调整。然后为视频添加背景音乐，根据背景音乐对视频时长和内容进行剪辑。

步骤05 完成所有操作后，即可单击右上角"导出"按钮，将视频保存至计算机文件夹中。

例 093 应用模板：制作浪漫婚礼实录

本书例 075 介绍了如何使用剪映手机版的剪同款功能剪辑视频。剪映专业版也有模板，分类详细，有搜索功能，但无热搜板块。本实例将制作浪漫婚礼视频，介绍如何使用剪映专业版模板功能，效果如图 9-44 所示。下面介绍具体操作方法。

图 9-41

步骤02 进入裁剪比例编辑对话框画面，单击下方"裁剪比例选项框"按钮 ，选择 9:16，最终选取画面如图 9-42 所示，确定画面无误后，单击"确定"按钮。

图 9-42

步骤03 裁剪完成后，会发现播放器中的预览画面发生了改变，单击播放器中的"比例"按钮 ，将画面比例更改为 9:16，如图 9-43 所示，预览区画面将自动调整为竖屏比例。

图 9-44

步骤01 打开剪映专业版，在主界面单击"开始创作"按钮＋，进入视频剪辑界面。单击工具栏中的"模板"按钮 ，在搜索框中搜索"婚礼"，则有多个婚礼类视频模板可供选择，如图 9-45 所示，单击"筛选"按钮，由于本实例素材全为横屏，为了更快找到合适的素材，单击画幅比例"横屏"按钮 ，如图 9-46 所示。

137

图 9-45

图 9-46

步骤02 选择一个模板，并将模板拖动至时间轴中，选择时间轴模板素材中的"素材待替换"选项，进行素材替换，如图 9-47 所示。在替换素材时同样注意选择好替换的素材时段。

图 9-47

步骤03 完成所有操作，即可单击右上角"导出"按钮，将视频保存至计算机文件夹中。

例 094 智能镜头分割：房地产宣传片

剪映专业版智能镜头分割功能高效，自动识别并分割视频镜头，提供流畅直观的剪辑体验。这个功能对于剪辑爱好者在拉片的时候非常实用，可以学习高质量的影视作品的镜头语言设计和整体视频的节奏把控。本实例将制作一个房地产宣传片，介绍

如何使用智能镜头分割功能，效果如图 9-48 所示。下面介绍具体操作方法。

图 9-48

步骤01 打开剪映专业版，在主界面单击"开始创作"按钮，进入素材添加界面。添加本实例相应视频素材，并将素材区中的视频素材移动至时间轴主轨道。由于素材内容繁杂，有些素材视频镜头有多个，为了更方便剪辑，可用到智能镜头分割功能，选中"素材 1.mp4"，右击并选择"智能镜头分割"选项，如图 9-49 所示。由于不需要分割后的第二段和第三段素材片段，选中第二段和第四段素材片段进行删除。

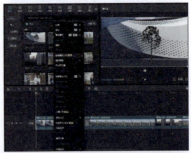

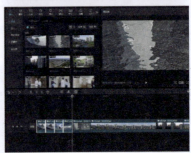

图 9-49

步骤02 按照同样的方法分割"素材 2.mp4"，保留第二个画面，其余画面素材删除。

步骤03 其余画面素材则可根据自己的需求进行剪辑，还可以为视频添加文案和背景音乐，丰富视频内容。

步骤04 完成剪辑后，即可单击右上角"导出"按钮将视频保存至计算机文件夹中。

例 095 画中画：制作四分屏开场片头

例 047 介绍了如何使用剪映手机版进行四分屏开头剪辑，剪映专业版的界面较大，所以不同的轨道可以同时显示在时间轴中，这样可以提高后期处理的效率。本实例通过一个案例介绍如何使用剪映专业版进行画中画剪辑，制作一个四分屏开场片头，效果如图 9-50 所示。下面介绍具体操作方法。

图 9-50

步骤 01 打开剪映专业版，在主界面单击"开始创作"按钮，进入素材添加界面。添加本实例需要四段分屏视频素材"素材 1.mp4"~"素材 4.mp4"，并将素材区中的视频素材移动至时间轴主轨道，再添加一首合适的背景音乐。选中"素材 4.mp4"，由于此素材画面内容较多，本实例只需选取第一个画面，所以单击"智能镜头分割"按钮，进行裁剪。确定好素材出现顺序，再进行剪辑，选中"素材 1.mp4"，将时间线移动至 00:00:09:00 位置处，单击"向右裁剪"按钮，将多余的视频素材一键删除，如图 9-51 所示，再将剩余的素材分别拖动至主轨道"素材 1.mp4"的上方，如图 9-52 所示，这样同一个时间区域内即可出现多个画面，即画中画效果，并且调整时间轴的顺序即可达到同一时间区域层级调整的效果。

图 9-51

图 9-52

步骤 02 由于画中画轨道中的素材出场顺序不同，所以将画中画轨道素材每隔 2s 放置，再选中画中画轨道中的三段素材进行裁剪，与主轨道"素材 1.mp4"末尾时长对齐，如图 9-53 所示。

图 9-53

步骤 03 完成上述操作后，即可调整预览区素材画面。将所有素材大小调整为 50%，如图 9-54 所示，再按照顺序进行排列，如图 9-55 所示。

图 9-54

图 9-55

步骤 04 由于四段素材实际画面大小并不相等，例如"素材 4.mp4"偏狭长，还留有空白处，所以可以在缩放上进行适当修改，将"素材 4.mp4"调整为 53%，将空白处填满，由于画面还是存在不和谐处，所以接下来用蒙版功能进行细节修改。选中"素材 4.mp4"，单击"蒙版"按钮，再选中"线性蒙版"，挪动线性蒙版的指标线，将其与预览区画面中轴线对齐。再按照同样的方法对"素材 3.mp4"和"素材 1.mp4"进行修改。具体线性蒙版调整如图 9-56 所示。

图 9-56

步骤 05 完成上述操作后即可给四段素材添加入场动画，按照素材顺序分别为"向右滑动""向左滑动""向上滑动""向下滑动"，时长均为 0.5s。

步骤 06 入场动画添加完成后，为了丰富开头内容，在"素材 4.mp4"动画将要结束处添加一个文案，并给文案添加入场动画"水墨晕开"，时长为 0.5s。

步骤 07 完成上述操作后，即可添加后续素材，并根据背景音乐进行剪辑。

步骤 08 完成所有操作后，即可单击右上角"导出"按钮，将视频保存至计算机文件夹中。

▶▶ 拓展练习 19：将 Premiere 的剪辑项目导入剪映专业版

扫描看视频

剪映专业版支持将 Premiere 的剪辑项目直接导入，所以之前在 Premiere 上的工作可以直接迁移到剪映，无须重新编辑，并且之前的剪辑、转场和特效都会保持原样，界面直观易懂，即使是新用户也能快速上手。本次拓展练习将介绍如何将 Premiere 的内容导入剪映专业版中。

步骤 01 打开剪映专业版，在主界面单击"导入工程"按钮，如图 9-57 所示。

图 9-57

步骤 02 在打开的文件夹中，找到并选中所需的 Premiere 文件，再单击下方"打开"按钮，如图 9-58 所示，剪映将自动进入剪辑界面。

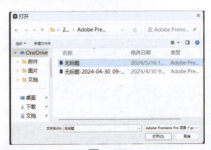

图 9-58

步骤 03 进入剪辑界面后，再对素材进行修改，确认无误后，即可单击右上角"导出"按钮，将视频保存至计算机文件夹中。

第 10 章 使用剪映专业版（电脑版）调色

剪映专业版提供比手机版更专业和精细的调色工具，能实现电影级色彩调整。通过高级色轮和色彩平衡选项，用户可调整亮度、对比度、饱和度及色彩平衡，满足日常和专业级需求。专业版功能强大，界面复杂，适合有视频编辑基础的用户，提升视频色彩表现力和感染力。

例 096 基础调节：森系花朵调色

视频制作中，色彩可增强视觉体验，传递情感和氛围。本章介绍如何使用剪映专业版进行调色，制作森系花朵视频。森系风格适合自然风光、户外婚礼、田园生活等内容，带来回归自然、心灵净化的感受，效果如图 10-1 所示。下面介绍具体操作方法。

10、"高光"为 -10、"光感"为 -50、"锐化"为 15、"清晰度"为 20，如图 10-2 所示。

图 10-1

图 10-2

步骤01 打开剪映专业版，在主界面单击"开始创作"按钮，进入素材添加界面。添加本实例相应视频素材"素材 .mp4"，并将素材区中的视频素材"素材 .mp4"移动至时间轴主轨道。

步骤02 将时间线移动至 00:00:03:00 的位置，单击"分割"按钮，选中"素材 .mp4"分割后的第二段素材，单击素材调整框中的"调节"按钮，滑动光标找到"调节"区域进行调整，"色温""色调"和"饱和度"均设置为 -20，设置"亮度"为 -25、"对比度"为

步骤03 完成上述操作后，再在分割处添加转场效果"前后对比"，时长为 0.5s。

步骤 04 完成所有操作后，即可单击右上角"导出"按钮，将视频保存至计算机文件夹中。

例 097 HSL 基础：小清新人像调色

例 054 介绍了如何使用剪映手机版 HSL 功能进行调色，手机版的 HSL 调色功能与专业版的 HSL 功能基本一致，但由于操作界面的限制，用户可能无法像专业版那样进行精细的调整。小清新风格通常指的是一种明亮、柔和、自然的视觉感受，它强调色彩的纯净度和柔和度，追求一种清新脱俗的视觉效果。本实例将详细介绍如何使用剪映专业版的 HSL 功能进行小清新人像调色，效果如图 10-3 所示。下面介绍具体操作方法。

扫描看视频

图 10-3

步骤 01 打开剪映专业版，在主界面单击"开始创作"按钮，进入素材添加界面。添加本实例相应视频素材"素材.mp4"，并将素材区中的视频素材"素材.mp4"移动至时间轴主轨道。

步骤 02 将时间线移动至 00:00:02:00 的位置，单击"分割"按钮，选中"素材.mp4"分割后的第二段素材，单击素材调整区中的"调节"按钮，再单击 HSL 按钮，可以看到有不同的颜色进行修改，本视频主要颜色为紫色、红色和蓝色，所以需要在这几种颜色做出着重调整。具体调整如图 10-4 所示。

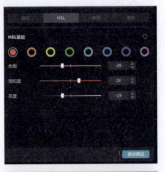

图 10-4

步骤 03 完成上述操作后,可添加背景音乐丰富视频内容。

步骤 04 完成所有操作后,即可单击右上角"导出"按钮,将视频保存至计算机文件夹中。

例 098 曲线调节:港风街景调色

剪映专业版曲线调节功能类似手机版,但操作更便捷精细。港风街景调色受喜爱,常调低亮度以增加暗部细节。曲线调节可下拖曲线并提升左端斜率,使暗部深沉、亮部明亮。暗部偏绿亮部偏黄是港风滤镜要点,也可通过曲线调节实现。本例将展示用剪映专业版曲线调节制作港风街景视频,效果如图 10-5 所示。下面介绍具体操作方法。

图 10-5

步骤 01 打开剪映专业版,在主界面单击"开始创作"按钮,进入素材添加界面。添加本实例相应视频素材"素材.mp4",并将素材区中的视频素材"素材.mp4"移动至时间轴主轨道。

步骤 02 将时间线移动至 00:00:02:00 的位置,单击"分割"按钮,选中"素材.mp4"分割后的第二段素材,单击素材调整框中的"调节"按钮,再单击"曲线"按钮,可以看到有不同的颜色的曲线分布图可进行修改。具体调整如图 10-6 所示。

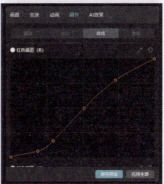
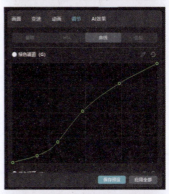
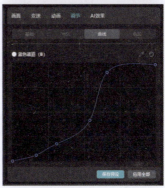

图 10-6

步骤 03 完成曲线调节后,再单击"基础"按钮进行细节调整,设置"颗粒"为 25、"清晰度"为 25、"锐化"为 10、"对比度"为 10,如图 10-7 所示。

图 10-7

步骤04 完成上述操作后,再为视频添加一个合适的背景音乐,即可单击右上角"导出"按钮,将视频保存至计算机文件夹中。

例 099 一级色轮:油画质感草原调色

相较于手机版,剪映专业版有一级色轮,基于 HSL 模型调色。可改变图像中特定颜色区域的色调、饱和度和亮度,调整色彩平衡,增强或减弱饱和度,调整明暗度,效果自然细腻。一级色轮直观易用,有预设方案,快速实现调色,但调整范围有限,主要关注全局色彩平衡,缺乏特定颜色区域精细控制。本实例将制作一个油画质感的草原视频,介绍如何使用色轮功能,效果如图 10-8 所示。下面介绍具体操作方法。

图 10-8

步骤01 打开剪映专业版,在主界面单击"开始创作"按钮,进入素材添加界面。添加本实例相应视频素材"素材 .mp4",并将素材区中的视频素材"素材 .mp4"移动至时间轴主轨道。

步骤02 选中素材,在素材调整区单击"调节"按钮,并单击"色轮"按钮,系统默认一级色轮,分为四个色轮:暗部、中灰、亮部、偏移,每个色轮都可以对画面的色相、亮度和饱和度进行调整。调整颜色时,拖动白点,往需要的颜色偏移,色轮下方的数值也会发生改变,数值代表当前颜色的参数,可以手动输入数值调整到想要的颜色。上下拖动色轮左侧的三角形能调整区域颜色的饱和度,上下拖动色轮右侧的三角形能调整区域颜色的亮度,具体设置如图 10-9 所示。暗部饱和度为 0.008,亮度为 -0.106;中灰饱和度为 -0.137,亮度为 0,亮部饱和度为 0.675,亮度为 -0.191;偏移饱和度为 0.233,亮度为 -0.039。

图 10-9

步骤03 完成一级色轮调色后,再选择"基础"功能,进行细节修改,具体设置如图 10-10 所示。

步骤04 完成所有操作后,即可单击右上角"导出"按钮,将视频保存至计算机文件夹中。

第 10 章 使用剪映专业版（电脑版）调色

图 10-11

图 10-10

例 100　Log 色轮：高级灰调建筑调色

剪映专业版独有 Log 色轮，高级调色工具，专注视频色彩深度微调。基于对数色彩空间，提供广泛色彩调整。相较于一级色轮，Log 色轮在精度和灵活性上更优，允许细致调整视频每个像素。在灰调建筑调色中，Log 色轮精确控制色彩，保持细节和层次感，通过调整阴影、中间调和高光等参数，营造真实视觉效果，效果如图 10-11 所示。下面介绍具体操作方法。

步骤 01　打开剪映专业版，在主界面单击"开始创作"按钮，进入素材添加界面。添加本实例相应视频素材"素材.mp4"，并将素材区中的视频素材"素材.mp4"移动至时间轴主轨道。

步骤 02　选中素材，在素材调整区单击"调节"按钮，并单击"色轮"按钮，系统默认一级色轮，下方有一个选项框，将"一级色轮"更改为"Log 色轮"，分为四个色轮：阴影、中间调、高光、偏移，每个色轮都可以对画面的色相、亮度和饱和度进行调整。调整颜色时，拖动白点，往需要的颜色偏移，色轮下方的数值也会发生改变，数值代表当前颜色的参数，可以手动输入数值调整到想要的颜色。上下拖动色轮左侧的三角形能调整区域颜色的饱和度，上下拖动色轮右侧的三角形能调整区域颜色的亮度。本实例 Log 色轮具体设置如图 10-12 所示。阴影饱和度为 -0.247，亮度为 -0.204；中间调饱和度为 0.164，亮度为 0；高光饱和度为 -0.29，亮度为 -0.225；偏移饱和度为 -0.07，亮度为 -0.055。

图 10-12

步骤 03　完成 Log 色轮调色后，再使用 HSL 和"基础"调节进行细节调色，具体设置如图 10-13 所示。

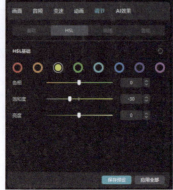

步骤 04 完成上述操作后,再添加背景音乐丰富视频内容,即可单击右上角"导出"按钮,将视频保存至计算机文件夹中。

例 101 应用 LUT:清冷古风人像调色

扫描看视频

LUT 是 Look-Up Table(查找表)的缩写,是一种预设的调色方案,可快速、一致地将特定色彩和光影效果应用于视频素材。LUT 定义了输入色彩与输出色彩之间的对应关系,用户可通过加载预设方案实现快速调色,无须手动调整参数。相较于传统调色方法,LUT 功能具有省时省力、结果一致、可重复等优势。本实例将制作清冷古风视频,介绍 LUT 功能的使用,效果如图 10-14 所示。下面介绍具体操作方法。

图 10-14

步骤 01 打开剪映专业版,在主界面单击"开始创作"按钮 ,进入素材添加界面。添加本实例相应视频素材"素材.mp4",并将素材区中的视频素材"素材.mp4"移动至时间轴主轨道。

步骤 02 单击工具栏中的"调节"按钮 ,在下方左侧工具栏中单击 LUT 按钮,再单击"导入"按钮 导入,如图 10-15 所示。选择提前准备好的文件,再单击"打开"按钮,导入 LUT 预设,如图 10-16 所示。

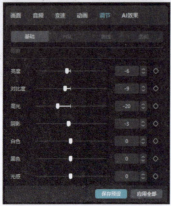

图 10-13

第 10 章 使用剪映专业版（电脑版）调色

图 10-15

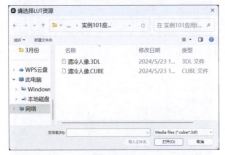

图 10-16

步骤03 导入完成后，将 LUT 预设拖动至时间轴中，并将时长与视频时长对齐，选中 LUT 调节素材，为了让画面更和谐，在右上方素材调整区中进行调节修改，具体设置如图 10-17 所示。

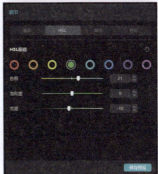

图 10-17

步骤04 完成上述操作后，添加合适的背景音乐，并适当裁剪时长，时间轴轨道中所有素材时长保留 15s。

步骤05 完成所有操作后，即可单击右上角"导出"按钮，将视频保存至计算机文件夹中。

例 102 添加滤镜：赛博朋克夜景调色

扫描看视频

剪映的手机版和专业版在滤镜功能上作用是相同的，但专业版由于界面的直观性更方便剪辑。本实例将通过添加滤镜的方法制作一个赛博朋克风格夜景视频。赛博朋克风格以其独特的色彩构成和光影效果著称，通常包括高饱和度的霓虹色彩、深色调的阴影区域以及强烈的光影对比，效果如图 10-18 所示。下面介绍具体操作方法。

图 10-18

步骤 01 打开剪映专业版，在主界面单击"开始创作"按钮，进入素材添加界面。添加本实例相应视频素材"素材 .mp4"，并将素材区中的视频素材"素材 .mp4"移动至时间轴主轨道，再添加一个适合视频主题的背景音乐。

步骤 02 将时间线移动至 00:00:01:06 左右的位置，在工具栏中单击"滤镜"按钮，在滤镜搜索框中搜索"赛博朋克"，即会出现许多个不同的赛博朋克风格滤镜以供挑选。选择"银翼杀手"滤镜，将其拖动至时间轴中 00:00:01:06 的位置，赛博朋克风格调色即完成，如图 10-19 所示。将滤镜时长与视频末尾时长对齐。

图 10-19

步骤 03 为了丰富视频内容，还可以添加特效，让未来感更加强烈。调整时间轴轨道中所有素材时长，与视频末尾对齐。

步骤 04 完成所有操作后，即可单击右上角"导出"按钮，将视频保存至计算机文件夹中。

例 103　色卡调色：克莱因蓝调海景调色

色卡调色是选取并调整特定颜色以影响视频色调和色彩平衡的方法。其优势在于直观性和精准性，比传统

扫描看视频

调色方法更快达到满意效果。色卡功能让用户直观看到并选取关键颜色，从而精准影响特定颜色区域。本实例将制作一个克莱因蓝海景视频，效果如图 10-20 所示。下面介绍具体操作方法。

图 10-20

步骤 01 打开剪映专业版，在主界面单击"开始创作"按钮，进入素材添加界面。添加本实例相应的海景视频"素材 1.mp4"，再添加提前准备好的蓝色背景图"素材 2.jpg"，将"素材 1.mp4"添加至时间轴主轨道中，将蓝色背景图"素材 2.jpg"添加至主轨道视频"素材 1.mp4" 00:00:03:00 的位置上方画中画轨道中。

步骤 02 选中蓝色背景图"素材 2.jpg"，在素材调整区域"基础"选项中，单击"混合"按钮，选择叠加模式，将"不透明度"调整为 45%，如图 10-21 所示。再单击"蒙版"按钮，选择"镜面"蒙版，具体设置如图 10-22 所示。

图 10-21

图 10-22

步骤03 完成上述操作后，再添加背景音乐丰富视频内容，即可单击右上角"导出"按钮，将视频保存至计算机文件夹中。

例 104 蒙版调色：青橙天空调色

蒙版功能可针对画面特定区域调色，不影响其他部分。在剪映专业版中，可通过绘制或智能识别选定区域，例如，覆盖天空并调整青蓝色调，或为地面添加橙色调。蒙版调色精确灵活，优于传统统一调整工具。支持多层叠加和混合模式，创造丰富色彩效果。本实例将运用蒙版对天空调色，效果如图 10-23 所示。下面介绍具体操作方法。

扫描看视频

图 10-23

步骤01 打开剪映专业版，在主界面单击"开始创作"按钮，进入素材添加界面。添加本实例相应视频素材"素材 .mp4"，并将素材区中的视频素材"素材 .mp4"移动至时间轴主轨道，再添加合适的背景音乐。

步骤02 选中主轨道中的"素材 .mp4"，右击并选择"复制"选项，在主轨道时间轴上方画中画轨道中右击并选择"粘贴"选项，如图 10-24 所示，再选中画中画轨道中复制"素材 .mp4"，在素材调整框中单击"蒙版"按钮，选中"镜面"蒙版，具体设置如图 10-25 所示。

图 10-24

图 10-25

步骤 03 蒙版设置完成后，单击"调节"按钮，选择"基础"调节，具体设置如图 10-26 所示。

图 10-26

图 10-27

步骤 04 完成上述调节后，再添加两个不同的"青橙"滤镜，如图 10-27 所示。

步骤 05 完成所有操作后，即可单击右上角"导出"按钮，将视频保存至计算机文件夹中。

▶▶ 拓展练习 20：制作调色对比视频

本章实例已经简要介绍如何通过转场制作对比视频，本次拓展练习还将结合同屏多个画面展现对比效果视频，效果如图 10-28 所示。下面介绍具体操作方法。

扫描看视频

图 10-28

第 10 章 使用剪映专业版（电脑版）调色

步骤 01 打开剪映专业版，在主界面单击"开始创作"按钮+，进入素材添加界面。添加本实例相应视频素材"素材.mp4"，并将素材区中的视频素材"素材.mp4"移动至时间轴主轨道。

步骤 02 选中主轨道中的"素材.mp4"，右击并选择"复制"选项，在时间轴主轨道上方右击并选择"粘贴"选项，再将画面比例设置为竖屏比例 9:16，调整预览区画面排布，主轨道视频"素材.mp4"放置在画面下方，画中画轨道复制"素材.mp4"放置在上方，如图 10-29 所示。

图 10-29

步骤 03 将时间线移动至视频开头，添加滤镜"花间"和"樱花岛屿"放置在主轨道视频"素材.mp4"上方画中画轨道复制"素材.mp4"下方，如图 10-30 所示，再选中主轨道视频素材"素材.mp4"，在素材调整框中，单击"调节"按钮，选择"基础"调节，具体设置如图 10-31 所示。调色即完成。

图 10-30

图 10-31

步骤 04 完成调色后，即可为视频添加文案标明哪个画面是调色前哪个画面是调色后。添加文案后再添加背景音乐，丰富视频内容。

步骤 05 完成所有操作后，即可单击右上角"导出"按钮，将视频保存至计算机文件夹中。

第 11 章　制作关键帧动画

在视频编辑中，关键帧极为重要。剪映手机版的关键帧功能简捷易用，适合新手。但受限于屏幕和性能，其复杂度和精细度可能不足。相比之下，剪映专业版在关键帧动画制作上更为专业和强大，界面精致，提供更多操作空间和选择。专业版支持更多动画属性和效果，如不透明度、旋转、缩放等，并允许精细调整。本章将详细介绍如何使用专业版关键帧进行视频剪辑。

例 105　位置：制作旅游拼贴动画

关键帧制作动画的原理在于动画时间线上设定特定帧，这些帧标记了动画中的重要状态或动作变化点。动画软件在关键帧间自动生成中间帧，通过插值算法平滑过渡，形成连续动画效果。调整关键帧上物体的属性可控制变化过程，实现复杂动画效果。简而言之，关键帧定义动画的关键状态，软件负责创建平滑过渡，形成动画作品。本实例将通过位置关键帧的巧妙设置，完成一个旅游拼贴动画视频，效果如图 11-1 所示。下面介绍具体操作方法。

图 11-1

步骤01 打开剪映专业版，在主界面单击"开始创作"按钮➕，进入素材添加界面。按照顺序在素材区添加本实例相应视频素材。

步骤02 在媒体素材库文本框中搜索"纸团揉开"，找到合适的素材并添加至时间轴开始的位置。将时间线移动至素材视频的结尾，选中素材，单击常用功能区中的"定格"按钮⬛，定格视频结尾形成图片素材，拖动轨道中图片素材右边白色边框，将图片素材时间延长。

步骤03 定格完成后，在定格图片素材开头添加一个电话贴纸素材至时间轴中，如图 11-2 所示，并添加"电话铃声"音效至时间轴中，如图 11-3 所示，时长均至 00:00:03:00 位置处。

图 11-2

图 11-3

步骤04 添加贴纸后，在 00:00:03:00 位置处添加一段文字，并添加入场动画，如图 11-4 所示，时长至 00:00:04:00 位置处。

步骤05 完成上述操作后，在 00:00:04:00 的位置添加"素材 1.jpg""素材 2.jpg""素材 3.jpg"和太阳贴纸，时长均为 00:00:07:00。对三段素材进行抠像处理，抠出素材中主体元素，在预览区画面中放置位置如图 11-5 所示。

第 11 章 制作关键帧动画

图 11-4

图 11-7

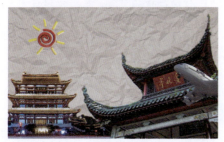

图 11-5

图 11-8

步骤 06 选中"素材 3.jpg",对飞机元素进行关键帧动画处理,首先,将时间线移动至 00:00:04:25 的位置,单击常用工具栏中"向左裁剪"按钮,并在此处打上一个位置关键帧,将预览区中的飞机"素材 3.jpg"移动至右侧靠近预览区边缘的位置,具体设置如图 11-6 所示。再将时间线移动至 00:00:06:21 的位置,选中"素材 3.jpg",打上一个位置关键帧,将飞机"素材 3.jpg"移动至预览区画面中左上角边缘处,具体位置设置如图 11-7 所示。设置完成后,关键帧动画效果即制作完成,静态飞机则变为动态,形成动画效果。

步骤 07 为了让动画效果更加生动,将时间线移动至"素材 3.jpg"开头,添加一个"飞机飞过"音效,丰富画面内容,如图 11-8 所示。

步骤 08 完成上述操作后,再为"素材 1.jpg"和"素材 2.jpg"分别添加一个入场动画,具体设置如图 11-9 所示。

图 11-6

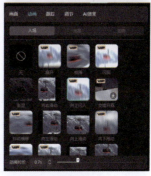

图 11-9

步骤09 将时间线移动至 00:00:07:00 位置处,添加"素材4.jpg",再将时间线移动至 00:00:08:00 位置处,添加"素材5.jpg",两段素材结尾处均延长至 00:00:11:00 位置处,"素材5.jpg"将根据"素材3.jpg"的方法进行关键帧制作动画效果,首先将时间线移动至"素材5.jpg"开头,打上一个关键帧,再将时间线移动至 00:00:10:00 位置处,打上一个关键帧,具体设置如图 11-10 所示。

步骤12 完成所有操作后,再添加一个合适的背景音乐,即可单击右上角"导出"按钮,将视频保存至计算机文件夹中。

提示

关键帧制作动画的原理是通过在时间轴上设置特定时间点的关键帧,并定义这些关键帧中对象的属性(如位置、缩放、旋转等)。在这些关键帧之间,软件会自动计算并生成平滑的过渡效果,从而创建出连续的动画。后续的素材处理可以根据自己的需求使用关键帧进行动画视频剪辑,也可以通过使用剪映自带的"动画"功能达到想要的效果。读者可以根据自己的具体需求和个人习惯,灵活地使用这两种方法以达到最佳效果。

图 11-10

步骤10 完成关键帧设置后,为了丰富动画效果,将时间线移动至"素材5.jpg"开头,添加一个汽车行驶的音效,如图 11-11 所示。

例 106 缩放:制作视频轮播效果

制作吸引眼球的视频效果有很多种。本实例我们将探讨如何利用剪映专业版,通过缩放关键帧功能,轻松实现缩放动态效果,从而打造出独特的视频轮播效果,效果如图 11-12 所示。下面介绍具体操作方法。

扫描看视频

图 11-12

图 11-11

步骤11 完成上述操作后,后续素材可以参照上述剪辑方法进行剪辑。

步骤01 打开剪映专业版,在主界面单击"开始创作"按钮,进入素材添加界面。在素材区添加本实例相应视频素材。

步骤02 添加"素材1.mp4"和"素材2.mp4"至时间轴中,"素材1.mp4"至主轨道中,时长保持不变,"素材2.mp4"放置在"素材2.mp4"上方视频轨道,时长裁剪为3s。选中"素材2.mp4",在开头打上一个关键帧,保持默认设置不变,再在"素材2.mp4"结尾打上一个关键帧,具体设置如图 11-13 所示。

第 11 章 制作关键帧动画

图 11-14

图 11-15

图 11-13

步骤 03 将时间线移动至 00:00:05:00 处，添加"素材 3.mp4"至时间轴中，将时间线移动至 00:00:03:00，选中"素材 3.mp4"，打上一个关键帧，再在 00:00:03:10 处打上一个关键帧，保持默认设置不变。再将时间线移动至"素材 3.mp4"开头位置，打上一个关键帧，将"素材 3.mp4"移动至预览区右侧画面外，再将时间线移动至"素材 3.mp4"结尾处，打上一个关键帧，将"素材 3.mp4"移动至预览区左侧画面外。具体设置如图 11-14 所示。

步骤 04 选中设置好的"素材 3.mp4"，右击并选择"复制"选项，在"素材 3.mp4"第三个关键帧的位置进行粘贴，如图 11-15 所示。重复此操作再粘贴 4 次，并根据顺序从下至上进行素材替换。

步骤 05 选中粘贴后的最后一个素材，在素材库中找到一个片尾素材并进行替换，同时删除素材结尾关键帧，如图 11-16 所示。

图 11-16

步骤 06 完成上述操作后，选中"素材 1.mp4"，将时间线移动至片尾素材结尾处，并进行向右裁剪。视频轮播效果即制作完成。

步骤 07 完成效果制作后还可添加一个合适的背景音乐，让视频更有吸引力。完成所有操作后，即可单击右上角"导出"按钮，将视频保存至计算机文件夹中。

例 107 旋转：制作旋转开场效果

在剪映中，关键帧是实现各种动态效果的重要工具，包括制作旋转开场效果。旋转开场效果能够为视频增

扫描看视频

155

添动感和活力，迅速吸引观众的注意力。本案例将使用剪映关键帧制作旋转开场效果的简单视频，效果如图 11-17 所示。下面介绍具体操作方法。

图 11-17

步骤 01 打开剪映专业版，在主界面单击"开始创作"按钮[+]，进入素材添加界面。在素材区添加本实例相应视频素材。

步骤 02 添加"素材 1.mp4"至时间轴中，将时间线移动至 00:00:03:05 处，选择"镜面"蒙版，并添加关键帧，再将时间线移动至"素材 1.mp4"开头位置，继续添加蒙版关键帧，具体设置如图 11-18 所示。简单的旋转效果即制作完成。

图 11-18

步骤 03 再选中已经制作好旋转效果的"素材 1.mp4"，右击并选择"复制"选项，在上方视频粘贴一个"素材 1.mp4"，再在素材库中找到白色背景图素材，并对主轨道"素材 1.mp4"进行素材替换。

步骤 04 选中两段素材，右击并选择"复制"选项，将时间线往后移动 5f，时间显示为 00:00:00:05 的位置，进行粘贴，根据此步骤，每隔 5f 进行粘贴，一共粘贴 6 次。粘贴完成后，根据顺序将"素材 2.mp4"~"素材 7.mp4"从上至下对所有"素材 1.mp4"进行替换，替换完成后选中所有素材，将时间线移动至 00:00:09:13 位置处，对所有素材进行向右裁剪处理，再选中"素材 2.mp4"，将时间线移动至 00:00:06:00 位置处，选择"蒙版"选项，在此处打上一个关键帧。具体设置如图 11-19 所示。

图 11-19

步骤 05 完成上述操作后，为了让背景变成白色，再在同一时间区域添加一个白色背景图，将所有剪辑的素材移动至白色背景图上方，并将白色背景图时长与素材时长对齐。

步骤 06 完成上述操作后，转场开场即制作完成。然后可对其余素材进行正片剪辑，剪辑完成后，添加一个合适的背景音乐，让视频内容更加丰富。

步骤 07 完成所有操作后，即可单击右上角"导出"按钮，将视频保存至计算机文件夹中。

例 108 不透明度：制作人物若隐若现效果

在剪映中，利用关键帧调整不透明度功能，可以轻松为视频开场添加人物若隐若现的神秘效果。无需复杂的步骤，只需简单地操作，即可让视频更具吸引力。本实例将制作一段女生在公园骑自行车若隐若现的视频，效果如图 11-20 所示。下面介绍具体操作方法。

扫描看视频

第 11 章 制作关键帧动画

图 11-20

步骤 01 打开剪映专业版，在主界面单击"开始创作"按钮⊞，进入素材添加界面。在素材区添加本实例相应视频素材"素材 1.mp4"和"素材 2.mp4"。将两段素材拖动至时间轴中，将画面中有人物的"素材 2.mp4"移动至上方视频轨道中，与"素材 1.mp4"对齐。对"素材 2.mp4"中人物进行抠像，如图 11-21 所示，单击"应用效果"按钮 应用效果 。

图 11-21

步骤 02 抠像完成后，调整上方视频轨道"素材 2.mp4"位置大小，如图 11-22 所示。

图 11-22

步骤 03 将时间线移动至 00:00:01:15 位置处，选中"素材 2.mp4"，在素材调整区"画面"选项中，在"基础"选项中找到并勾选"混合"复选框，单击"展开"■按钮，打上一个关键帧，设置"不透明度"为 100%，如图 11-22 所示。再将时间线移动至 00:00:03:00 位置处，打上一个关键帧，将"不透明度"调整为 36%。为了让画面过渡更流畅，将时间线移动至 00:00:04:15 位置处，打上一个透明度关键帧，"不透明度"保持 36% 不变，再将时间线移动至 00:00:06:00 的位置，打上一个透明度关键帧，将"不透明度"调回 100%，具体设置如图 11-23 所示。至此人物若隐若现效果即制作完成。

图 11-23

步骤 04 完成上述操作后，添加一个合适的背景音乐，让视频内容更加丰富。

步骤 05 完成所有操作后，即可单击右上角"导出"按钮，将视频保存至计算机文件夹中。

> **提示**
>
> 本实例因为素材制作有限，主要旨在向读者介绍如何制作人物若隐若现的效果，读者在自己制作该实例时，可以自行拍摄，效果会更好。步骤为，首先拍摄一段空镜头，再拍摄一段同一机位同一景象有人物运动的镜头，再通过本实例介绍的步骤进行剪辑即可。

例 109 音量变化：制作声音由远及近效果

关键帧的调节不仅适用于画面的调整，还可以作用于音频，利用关键帧调整音频的音量，可以创作出声音由远及近的效果，为视频开场增添独特的氛围。本实例将通过对音频音量大小关键帧的设置，制作一段新闻播报开头的视频，效果如图 11-24 所示。下面介绍具体操作方法。

扫描看视频

157

图 11-24

步骤 01 打开剪映专业版，在主界面单击"开始创作"按钮➕，进入素材添加界面。在素材区选择并添加本实例相应视频素材"素材.mp4"，将"素材.mp4"拖动至时间轴主轨道中，在音效中选择一段音频"新闻片头"并添加至时间轴中，将时间线移动至00:00:08:24位置处，选中音频素材并进行向左裁剪，如图 11-25 所示。

图 11-25

步骤 02 音频裁剪完成后，将剩余的音频与视频开头对齐，将时间线移动至 00:00:01:21 位置处，选中音频素材，打上一个音量关键帧，保持原有音量不变，再将时间线移动至 00:00:01:26 位置处，打上一个关键帧，音量设置调整如图 11-26 所示。至此音量变化制作完成。

图 11-26

步骤 03 完成所有操作后，即可单击右上角"导出"按钮，将视频保存至计算机文件夹中。

例 110 蒙版移动：制作蒙版抽线效果

扫描看视频

蒙版和关键帧结合能制作多样动画效果，用于过渡和强调视频元素，提升理解度和关注度。通过添加动画效果，营造不同情感氛围，增强视频表现力。本实例将使用剪映的关键帧和蒙版功能制作抽线动画开头，效果如图 11-27 所示。下面介绍具体操作方法。

图 11-27

步骤 01 打开剪映专业版，在主界面单击"开始创作"按钮➕，进入素材添加界面。

步骤 02 在素材区添加本实例相应视频素材"素材 1.mp4"和"素材 2.mp4"，将"素材 1.mp4"拖动至时间轴主轨道中，再添加一个合适的热门卡点音乐至时间轴中。选中主轨道中的"素材 1.mp4"，在素材调整区中选择"矩形"蒙版，具体设置如图 11-28 所示。设置完成后，选中"素材 1.mp4"，右击并选择"复制"选项，在上方视频轨道中，本背景音乐开头有 4 个非常明显的节拍点，根据节拍点，每隔一个节拍粘贴一次，总共粘贴 3 次，蒙版设置如图 11-29 所示。

图 11-28

图 11-30

图 11-29

步骤 03 蒙版设置完成后,将时间线移动至第四个鼓点处再粘贴三次"素材 1.mp4",两段蒙版设置如图 11-30 所示,并打上关键帧。

步骤 04 三段复制后的素材分别打上第一个关键帧后,再将时间线移动至 00:00:03:25 位置处,再分别打上一个关键帧,设置保持不变,再将时间线移动至 00:00:04:05 位置处,分别打上一个关键帧,蒙版具体设置如图 11-31 所示。抽线效果即制作完成。

图 11-31

步骤 05 完成上述操作后,对后续素材进行剪辑。完成所有操作后,即可单击右上角"导出"按钮,将视频保存至计算机文件夹中。

例 111 颜色变化:制作渐变樱花粉特效

本实例将使用剪映的关键帧功能来制作颜色变化的渐变樱花粉特效开头,可以为视频增添一抹浪漫而唯美的色彩。通过精心调整关键帧上的颜色属性,可以实现从初始颜色到樱花粉色的平滑过渡,营造出一种梦幻般的视觉效果,效果如图 11-32 所示。下面介绍具体操作方法。

扫描看视频

图 11-32

步骤 01 打开剪映专业版,在主界面单击"开始创作"按钮+,进入素材添加界面。在素材区添加本实例相应视频素材"素材.mp4",将"素材.mp4"拖动至时间轴主轨道中,再添加一个合适的热门卡点音乐至时间轴音频轨道中。

步骤 02 由于剪映调节关键帧只能运用于"基础"调节,所以为了达到颜色渐变效果,主要通过对饱和度的调整到达目的。选中主轨道中的"素材.mp4",将时间线移动至 00:00:01:03 位置处,在素材调整区中选中"基础"调节,在时间轴打上一个全部基础调节关键帧,如图 11-33 所示。

图 11-33

步骤 03 再将时间线移动至开始的位置,再打上一个关键帧,基础调节设置如图 11-34 所示,为了让画面更加协调,除了调整"饱和度"数值,还将调整其他数值进行细节修改,如图 11-35 所示。

第 11 章 制作关键帧动画

图 11-34

步骤 01 打开剪映专业版，在主界面单击"开始创作"按钮+，进入素材添加界面。在素材区添加本实例相应视频"素材 1.mp4"，将素材拖动至时间轴中，选中"素材 1.mp4"，将时间线移动至"素材 1.mp4"结尾的位置，打上一个关键帧，其余设置保持不变，再将时间线移动至"素材 1.mp4"开始位置，打上一个关键帧，将画面缩小至 1%，具体设置如图 11-37 所示。

图 11-37

图 11-35

步骤 02 设置完成后，复制设置完成后的"素材 1.mp4"，再在上方视频轨道每隔 5f 进行粘贴，一共粘贴 9 次，再对粘贴后的"素材 1.mp4"进行依次替换。替换完成后，再将时间线移动至除"素材 10.mp4"之外的每一段素材的结尾关键帧处，将画面移出预览区画面外，与手机版操作步骤一致。至此，照片墙扩散的效果即制作完成。

步骤 03 完成上述操作后，还可在素材库找到并添加一个白色背景，并添加一段背景音乐，丰富画面内容。完成所有操作后，即可单击右上角"导出"按钮，将视频保存至计算机文件夹中。

步骤 04 完成上述操作后，还可添加一个开头文案，丰富画面效果。完成所有操作后，即可单击右上角"导出"按钮，将视频保存至计算机文件夹中。

▶▶ 拓展练习 21：制作照片墙扩散开场效果

第 1 章已经介绍如何使用剪映手机版来制作照片墙扩散开场效果，本次拓展练习将在手机版的基础上介绍如何使用剪映专业版进行照片墙扩散开场的剪辑制作，效果如图 11-36 所示。下面介绍具体操作方法。

图 11-36

161

第 12 章　制作创意字幕效果

第 3 章讲述剪映手机版字幕剪辑，功能与专业版相似但便捷。专业版提供精细选项，结合蒙版和关键帧可创作多样字幕动画。本章将深入探究如何利用专业版制作创意字幕，发挥专业优势，为观众带来震撼视觉体验。

例 112　粒子文字：制作粒子文字消散效果

我们可以在非常多的视频中看到粒子文字消散效果，现如今这种效果非常热门且应用广泛，作为一种通用且热门的创意文字剪辑技术，在视觉上营造了一种独特的艺术美感。本章将从制作粒子文字消散效果实例开始进入剪映专业版文字剪辑教学，效果如图 12-1 所示。下面介绍具体操作方法。

扫描看视频

图 12-1

步骤 01 打开剪映专业版，在主界面单击"开始创作"按钮 ⊞，进入剪辑界面。

步骤 02 在素材库中选择并添加一个黑色背景至时间轴中，在黑色背景上方添加一段字幕，字幕设置如图 12-2 所示，时长与黑色背景时长对齐。选中时间轴的文字素材和黑色背景素材，右击并选择"新建复合片段"选项，文字素材将和黑色背景素材形成一个新的视频素材。再在素材库中添加一个"粒子消散"特效至时间轴中，如图 12-3 所示。

图 12-3

步骤 03 素材添加完成后，选中主轨道中有文字的视频素材，在素材调整区蒙版选项中，选择"线性"蒙版，在视频开头打上一个关键帧，蒙版设置如图 12-4 所示，再将时间线移动至 00:00:02:00 位置处，再打上一个关键帧，蒙版设置如图 12-5 所示。在蒙版选项框中单击"反转"按钮 ⇄，则可达到文字消散效果，如图 12-6 所示。

图 12-4

图 12-2

图 12-5

162

第 12 章 | 制作创意字幕效果

图 12-6

步骤 04 完成粒子文字消散效果制作后，可导出备用。导入制作好的"粒子文字消散效果视频.mp4"，再导入一个准备好的背景素材视频"背景素材.mp4"，将"背景素材.mp4"放置在主轨道中，"粒子文字消散效果视频.mp4"放置在"背景素材.mp4"上方视频轨道中，选中"粒子文字消散效果视频.mp4"，素材调整区混合选项中选择"滤色"混合模式。

步骤 05 完成上述操作后，还可添加一个合适的背景音乐，丰富视频内容。完成所有操作后，即可单击右上角"导出"按钮，将视频保存至计算机文件夹中。

例 113 镂空字幕：制作镂空文字切屏开场

本实例将继续通过蒙版和关键帧的结合，介绍如何制作镂空文字切屏开场视频，效果如图 12-7 所示。下面介绍具体操作方法。

扫描看视频

图 12-7

步骤 01 打开剪映专业版，在主界面单击"开始创作"按钮 ，进入素材添加界面。在素材区添加本实例相应视频素材"素材.mp4"，将素材拖动至时间轴中。

步骤 02 选中"素材.mp4"，为了让视频中人物动作更自然流畅，将"素材.mp4"调整为 1.9x。"素材.mp4"有两个镜头，通过智能镜头分割功能对其进行分割，再在主轨道该素材视频后方添加一个素材库中黑色背景素材，在黑色背景素材开头添加一个文案素材，具体设置如图 12-8 所示。将时间线移动至文本素材开头，打上一个关键帧，具体设置如图 12-9 所示。再将时间线移动至 00:00:12:17 位置处，再打上一个关键帧，具体设置如图 12-10 所示。

图 12-8

图 12-9

图 12-10

步骤 03 设置完成后，选中文本素材和黑色背景素材，右击并选择"新建复合片段"选项，形成视频，再将此视频移动至"素材.mp4"上方视频轨道中，与"素材.mp4"开头对齐，选中文字视频素材，在混合模式中选择"正片叠底"模式，具体设置如图 12-11 所示。

163

图 12-11

步骤 04 将时间线移动至 00:00:02:00 位置处,选中文字视频素材,单击"分割"按钮,选中分割后的素材,选择"线性"蒙版,设置如图 12-12 所示。选中文字素材,右击并选择"复制"选项,在上方轨道粘贴,并更改蒙版设置,如图 12-13 所示。

图 12-12

图 12-13

步骤 05 完成上述操作后,再为上述两段文字素材分别添加出场动画"向上滑动"和"向下滑动",如图 12-14 所示。镂空文字切屏开场即制作完成。

步骤 06 完成上述操作后,即可对剩下的视频素材进行剪辑,再添加一个合适的背景音乐,丰富视频内容。

步骤 07 完成所有操作后,即可单击右上角"导出"按钮,将视频保存至计算机文件夹中。

图 12-14

例 114 发光字幕:制作发光晃动歌词效果

发光歌词视频是当下抖音热门视频形式之一,因其简单、适用广泛,不容易过时,所以非常受视频创作者的喜爱。本实例将通过剪映专业版制作其中一种发光晃动歌词效果,效果如图 12-15 所示。下面介绍具体操作方法。

图 12-15

步骤 01 打开剪映专业版,在主界面单击"开始创作"按钮,进入素材添加界面。在素材区中的素材库中添加一个黑色背景至时间轴中,在黑色背景上方添加两段字幕,两段文案素材时长分别为 3s,字幕设置如图 12-16 所示。调整黑色背景素材时长延长至第二段文案素材结尾处。

第 12 章 | 制作创意字幕效果

图 12-16

步骤 02 完成上述操作后，再给两段文案素材分别添加循环动画"晃动"，时长为 0.5s，如图 12-17 所示。在素材区中单击"特效"按钮，添加"闪光震动"特效，具体设置如图 12-18 所示。发光晃动歌词效果即制作完成。

图 12-17

图 12-18

步骤 03 完成发光晃动歌词效果制作后，可以将效果导出，通过混合功能中的"滤色"模式，即可应用到其他视频中。

步骤 04 完成所有操作后，即可单击右上角"导出"按钮，将视频保存至计算机文件夹中。

例 115 滚动字幕：制作电影感滚动字幕片尾

充满电影感的字幕片尾是我们在视频剪辑中常用的片尾剪辑方法。本实例将制作电影感滚动字幕视频，效果如图 12-19 所示。下面介绍具体操作方法。
扫描看视频

图 12-19

步骤 01 打开剪映专业版，在主界面单击"开始创作"按钮➕，进入素材添加界面。在素材区添加本实例相应视频素材"素材.mp4"，将"素材.mp4"拖动至时间轴主轨道中，将时间线移动至 00:00:03:00 位置处，打上一个位置关键帧，设置保持不变，再将时间线移动至 00:00:04:15 位置处，打上一个关键帧，具体设置如图 12-20 所示。

图 12-20

步骤 02 视频设置完成后，将时间线移动至 00:00:04:08 位置处，添加一个文本素材，文案素材结尾与视频结尾时长对齐。在文本框中输入片尾文案，文案字体设置如图 12-21 所示，"出品方"和"演职员表"需要加粗，字号为 15，其余文字无须加粗，字号为 10。

步骤 03 根据预览区画面调整位置，调整完成后，将时间线移动至文案素材开始的位置，打上一个关键帧，具体设置如图 12-22 所示，再将时间线移动至文案素材结尾，再打上一个关键帧，具体设置如图 12-23 所示。电影滚动字幕即制作完成。

图 12-21

图 12-22

图 12-23

步骤 04 完成所有操作后,即可单击右上角"导出"按钮,将视频保存至计算机文件夹中。

例 116 手写字幕:制作手写字开场片头

在第 3 章第 1 节例 032 中介绍了如何使用剪映手机版涂鸦笔功能制作手写字幕,而专业版和手机版不同的是,专业版没有涂鸦笔功能,但同样可以制作出手写字幕。本实例将通过制作手写字开场片头视频,介绍如何使用剪映手机版制作手写字幕,效果如图 12-24 所示。下面介绍具体操作方法。

扫描看视频

图 12-24

步骤 01 打开平板或者手机的绘画或便签软件,当然平板制作出的效果会更好,为了让所有读者都能更好地学会本实例制作方法,将使用手机的便签软件辅助实例讲解。

步骤 02 打开手机便签软件后,新建一个便签编辑界面,找到画笔功能,在此界面用手写出文字,如图 12-25 所示。写完需要的手写文字后,截图并保存至相册,再将截图上传至计算机。

图 12-25

步骤 03 打开剪映专业版,在主界面单击"开始创作"按钮+,进入素材添加界面。在素材区添加本实例相应视频素材"素材.mp4"和手写字素材"文字素材.jpg",将"素材.mp4"拖动至时间轴主轨道中。

步骤 04 "文字素材.jpg"放置在视频素材"素材.mp4"上方视频轨道,开头位置一致,选中手写字素材"文字素材.jpg",在混合模式中选择"变暗"模式,这样手写字则制作完成。然后调整手写字位置,具体设置如图 12-26 所示。

第 12 章 | 制作创意字幕效果

步骤 01 打开剪映专业版，在主界面单击"开始创作"按钮，进入素材添加界面。在素材区添加本实例相应视频素材"素材.mp4"，将"素材.mp4"拖动至时间轴主轨道中。

步骤 02 选中"素材.mp4"，右击并选择"复制"选项，并在上方轨道进行粘贴，选中上方粘贴的"素材.mp4"，选中素材调整区中"抠像"选项，再单击"智能抠像"按钮，对画面进行人物抠像。抠像完成后，将时间线移动至开头位置，在同一时间区域添加多个模仿弹幕话语文案素材，再根据自己的需求，更改文字字体和颜色设定，更改后在预览区中进行排版，如图 12-28 所示。

图 12-26

图 12-28

步骤 03 设置完成后，选中所有文字素材，右击并选择"新建复合片段"选项，将所有文字形成视频，再将文字视频移动至复制"素材.mp4"下方轨道，这样人物就不会被弹幕遮挡。将时间线移动至开头位置，再选择弹幕视频素材，打上一个位置关键帧，具体设置如图 12-29 所示。模拟弹幕效果即制作完成。

步骤 05 完成上述设置后，还可以添加一个贴纸特效，让文字看起来更加生动。

步骤 06 完成所有操作后，即可单击右上角"导出"按钮，将视频保存至计算机文件夹中。

例 117 弹幕文字：制作影视弹幕滚动特效

在观看综艺时，在一些有趣的片段中可以看到一些属于综艺的弹幕效果，是剪辑者在剪辑时为了突出片段，让此片段更加生动有趣、吸引观众、模仿观众发弹幕的效果，与观众产生共鸣。本实例将介绍如何使用剪映专业版制作影视弹幕滚动效果，效果如图 12-27 所示。下面介绍具体操作方法。

扫描看视频

图 12-27

167

图 12-29

图 12-31

步骤 04 完成上述操作后，还可添加一个合适的背景音乐，丰富视频内容。完成所有操作后，即可单击右上角"导出"按钮，将视频保存至计算机文件夹中。

例 118 打字机效果：制作创意搜索框片头

在剪辑中打字机效果也是一个常用的剪辑效果，本实例则将通过一个创意搜索框片头视频，介绍如何制作搜索框打字效果和其如何应用，效果如图 12-30 所示。下面介绍具体操作方法。

图 12-32

图 12-30

图 12-33

步骤 01 打开剪映专业版，在主界面单击"开始创作"按钮，进入素材添加界面，在素材区添加本实例相应文本搜索框素材"文字框素材 .mp4"，再将"文字框素材 .mp4"拖动至时间轴中。

步骤 02 将时间线移动至 00:00:01:16 的位置，在"文字框素材 .mp4"轨道上方添加一个模拟文字输入的文案，如图 12-31 所示，将时间线移动至文本素材开始位置，在此处添加一个打字音效，如图 12-32 所示，选中文本素材，添加一个入场动画"打字机 Ⅱ"，时长根据音效设置为 1.3s，如图 12-33 所示。打字效果即制作完成。

> **提示**
> 为了能将此效果进行应用，首先在素材库中搜索一个科普类的背景，并添加至时间轴主轨道中。将剪辑好的文本框打字效果视频放置在该背景素材的上方轨道中，对多余的部分进行裁剪，再选中文本框打字效果视频，单击素材调整区中的"抠像"按钮，选择"自定义抠像"选项，将搜索框抠出，这样搜索框打字效果就应用在了主轨道背景视频之中。读者还可以根据此方法应用至多个场景中。

▶ 拓展练习22：制作综艺中人物被吐槽文字砸中的效果

在前面综艺剪辑中介绍了如何制作伪弹幕效果，看综艺时会发现还有很多种创意有趣的剪辑，本次拓展练习将制作一个综艺中被吐槽文字砸中的效果视频，效果如图12-34所示。下面介绍具体操作方法。

图 12-34

步骤01 打开剪映专业版，在主界面单击"开始创作"按钮 ，进入素材添加界面。在素材区添加本实例相应动物视频素材"素材.mp4"，将"素材.mp4"拖动至时间轴主轨道中。

步骤02 在主轨道上方添加一个文本素材和"说话框"贴纸素材，在文本素材开头位置打上一个关键帧，如图12-35所示，将文本素材和贴纸素材时长均调整为1min15s，将时间线移动至00:00:00:23位置处，选中文本素材，打上一个关键帧，具体设置如图12-36所示，再将时间线移动至文本素材结尾，再打上一个关键帧，具体设置如图12-37所示。

图 12-35

图 12-36

图 12-37

步骤03 选中文字素材，右击并选择"复制"选项，将时间线移动至第二个关键帧处，在上方轨道进行粘贴，再在粘贴后第二段素材第二个关键帧处在上方轨道进行粘贴，这样一个字一个字砸头的效果就制作完成。选中轨道中的所有文本和贴纸素材，新建一个符合片段，选中符合片段，在素材调整区中单击"变速"按钮，将时长调整为1.5x。

步骤04 为了让砸头效果更真实，动态感更强，将时间线移动至00:00:00:08:00位置处，在轨道中添加一个爆炸贴纸，时长为15s，为了配合文字砸头效果，在画面中具体位置设置如图12-38所示。

步骤 05 完成第一段贴纸设置后，右击并选择"复制"选项，在 00:00:00:26 和 00:00:01:13 位置处分别粘贴一次，再在三个贴纸下方分别添加一个"砰"的撞击声音效，至此被吐槽文字砸头效果全部制作完成。

步骤 06 完成上述操作后，还可添加一个合适的背景音乐，丰富视频内容。完成所有操作后，即可单击右上角"导出"按钮，将视频保存至计算机文件夹中。

> **提示**
>
> 　　剪辑需要综合思维，一个效果很多时候不仅仅是从单一的文字或者动画效果体现，还需结合音效整体结合剪辑。
>
> 　　鉴于剪映更新频繁，功能和界面可能会随之变化，读者在学习本书时，应根据自己使用的版本进行相应的操作。在个性化编辑过程中，如贴纸选择等，读者可以根据自己的审美和喜好自由挑选，以确保视频编辑既符合最新版本的特性，又融入了个人创意和风格。

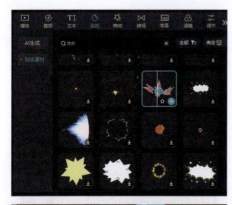

图 12-38

第 13 章　制作创意卡点效果

当视频的节奏与音乐完美融合，每一个画面都如同音符般跳跃，这就是创意卡点的魅力所在。与手机版相比，剪映专业版不仅继承了手机版简洁易用的特点，更在功能和性能上进行了大幅升级。用户可以更加自由地调整视频的节奏、色彩和音效，实现更为复杂的转场和特效。本章将从舞蹈变速卡点视频剪辑实例开始，介绍如何使用剪映专业版进行不同类型的卡点创意剪辑。

例 119　曲线变速：制作舞蹈变速卡点视频

在本书第 4 章和第 5 章都介绍了如何使用剪映手机版进行舞蹈变速卡点视频剪辑，专业版的优势在于不同的文字调节轨道都在一个界面，非常清晰且直观，更省时且利于剪辑，效果如图 13-1 所示。下面介绍具体操作方法。

图 13-1

步骤01 打开剪映专业版，在主界面单击"开始创作"按钮￼，进入素材添加界面。在素材区添加本实例相应跳舞视频素材"素材.mp4"，将"素材.mp4"拖动至时间轴中，再添加一个合适的卡点音乐，选择"踩节拍Ⅱ"，将时间线移动至节第 6 个节拍点，从第 6 个节拍点开始，每个节拍标记点都单击一次常用工具栏中的"分割"按钮￼，并将结尾与背景音乐时长对齐，如图 13-2 所示。

图 13-2

步骤02 视频裁剪完成后，选中"素材.mp4"分割后的第二段素材，在素材调整区中单击"变速"按钮，再选择"曲线变速"选项，需要根据节拍点进行细节修改。曲线变速设置完成后，选中设置完成的第二段素材，右击并选择"复制属性"选项，再选中第二段素材后所有素材，右击并选择"粘贴属性"选项，在跳出的弹窗中勾选"变速"复选框，第二段素材设置好的曲线变速则会应用至后面需要的所有素材中，具体设置如图 13-3 所示。

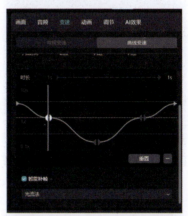

图 13-3

步骤03 完成上述步骤后，将时间线移动至第一段素材和第二段素材中间位置，添加一个转场效果"斜向模糊"，并单击素材调整区中的"应用全部"按钮，转场效果则应用至所有转场中。

步骤04 完成转场设置后，将时间线继续移动至第一段与第二段素材中间处，添加"发光 HDR"特效，具体设置如图13-4所示。再将时间线移动至00:00:09:25位置处，添加"摇晃运镜"特效，具体设置如图13-5所示。

图13-4

图13-5

图13-6

步骤01 打开剪映专业版，在主界面单击"开始创作"按钮，进入素材添加界面。在素材区添加一个卡点背景音乐，并添加音乐节拍标记点"踩节拍Ⅱ"。

步骤02 将时间线移动至00:00:10:26的位置，添加图片"素材4.jpg"至主轨道中，在"素材4.jpg"上方添加图片"素材5.jpg"，再复制图片"素材4.jpg"，在图片"素材5.jpg"上方轨道中粘贴。首先将图片素材放大至217%，以至于铺满预览区画面，"素材5.jpg"和复制图片"素材4.jpg"的位置设置如图13-7所示。

步骤05 完成上述操作后，选中所有视频素材，单击"调节"按钮，在"基础"调节中将"高光"调整为-10。

步骤06 完成所有操作后，即可单击右上角"导出"按钮，将视频保存至计算机文件夹中。

例120 快闪视频：制作企业宣传片

快闪视频又称为"快闪影片"，是一种短暂且自发的行为艺术拍摄成的视频形式。它源于"快闪行动"，快闪视频以其独特的创意和突发性，成为当下许多短视频宣传片的首选剪辑制作方式。本实例将介绍如何制作企业快闪宣传片，效果如图13-6所示。下面介绍快闪卡点视频剪辑的具体操作方法。

扫描看视频

图13-7

第 13 章 | 制作创意卡点效果

步骤 03 然后，选中复制后的"素材 4.jpg"和"素材 5.jpg"，均选择"线性"蒙版，数值设置不同，分别如图 13-8 所示。

图 13-10

图 13-8

步骤 04 完成上述设置后，再在上方轨道添加"素材 6.mp4"，时长为 3s，"素材 6.mp4"位置设置如图 13-9 所示。

图 13-11

步骤 07 关键帧的运用是为了让静态的物体运动起来，如果直接进行"素材 6.mp4"结尾处关键帧的设置，那么"素材 6.mp4"就会一直处于运动中。为了让"素材 6.mp4"有展示和停留的时间，将时间线移动至 00:00:13:08 的位置，打上一个位置关键帧，数值设置与图 13-11 保持一致。同时为了更好地过渡到结尾旋转出场效果制作，在此处再打上一个位置关键帧，数值保持不变。

步骤 08 最后将时间线移动至"素材 6.mp4"结尾处，打上一个位置关键帧，具体设置如图 13-12 所示，"素材 6.mp4"出场效果初步设置完成。

图 13-9

步骤 05 将时间线移动至"素材 6.mp4"开头位置，单击"蒙版"按钮，选择"圆形"蒙版，打上一个关键帧，具体设置如图 13-10 所示。

步骤 06 再将时间线移动至 00:00:11:14 的位置，再打上一个蒙版关键帧，具体设置如图 13-11 所示，这样"素材 6.mp4"出场效果初步制作完成。

图 13-12

173

步骤09 完成上述设置后，复制"素材 6.mp4"，在上方轨道粘贴，步骤 04 中"素材 6.mp4"的设置将会作用至粘贴后的素材中，将时间线移动至第二个关键帧，将蒙版设置更改，如图 13-13 所示，再将时间线移动至第四个关键帧处，将位置关键帧设置更改，如图 13-14 所示。完成后，为两段素材添加出场动画"渐隐"，时长为 0.4s。

图 13-13

图 13-14

步骤10 完成上述设置后，将时间线移动至该时间区域开始位置，在上方轨道添加文案，如图 13-15 所示。

图 13-15

步骤11 再在上方轨道添加一个"圆形虚线放大镜"特效，具体设置如图 13-16 所示。特效设置完成后，第一段即完成，选中"素材 6.mp4"两段视频素材和上方的文案和特效素材，右击并选择"复制"选项，

在后方粘贴两次，再进行素材替换即可。完成后需要将"素材 4.jpg"和"素材 5.jpg"时长与上方轨道素材时长对齐。

图 13-16

步骤12 完成上述操作后，对后面的素材根据标记点进行简单剪辑即可，为视频在合适的地方添加转场。再为视频添加合适的背景音乐和音效。

步骤13 完成所有操作后，即可单击右上角"导出"按钮，将视频保存至计算机文件夹中。

> **提示**
>
> 开头文字开场剪辑可以参照第 12 章的实例配合标记点，利用好蒙版功能、动画功能、贴纸功能和特效功能进行卡点剪辑。

例 121 亮屏效果：制作视频画面逐一变亮效果

在剪辑中通过蒙版和其他功能的结合可以制作出非常多有趣的效果，本实例将通过蒙版和调节功能，制作出视频画面逐一变亮的效果，效果如图 13-17 所示。下面介绍具体操作方法。

扫描看视频

图 13-17

步骤01 打开剪映专业版，在主界面单击"开始创作"按钮，进入素材添加界面。在素材区添加本实例相应城市视频素材"素材 .mp4"，将"素材 .mp4"拖动至时间轴主轨道中，再添加一个合适的卡点音

乐，选中卡点音乐，选择"踩节拍Ⅱ"。

步骤 02 复制"素材.mp4"，在上方轨道同一时间区域粘贴 5 次。将时间线移动至第 8 个节拍点，选择复制后的复制素材 1，单击常用功能区中的"向左裁剪"按钮，再将时间线移动至第 10 个节拍点，选中复制素材 2，单击"向左裁剪"按钮，再将时间线移动至第 12 个节拍点，单击"向左裁剪"按钮，再将时间线移动至第 13 个节拍点位置，选中复制素材 4，单击"向左裁剪"按钮，再将时间线移动至第 15 个节拍点位置，选中复制素材 5，单击"向左裁剪"按钮。

步骤 03 选中"素材.mp4"，单击素材调整区中"调节"按钮，选择 HSL 调节，将所有颜色"饱和度"和"亮度"均调整为 -100，这样与直接调整饱和度相比要更灰。

步骤 04 分别选中所有复制素材，单击"蒙版"按钮，选择"圆形"蒙版，具体设置如图 13-18 所示。

图 13-18

步骤 05 完成上述操作后，即可在复制素材 5 上方轨道添加文案，让画面更加丰富。

步骤 06 完成所有操作后，即可单击右上角"导出"按钮，将视频保存至计算机文件夹中。

例 122 歌词排版：制作动态歌词排版视频

歌词排版风格视频一直深受短视频创作者的喜爱，通过对歌词文字排版设计，让简单的线条不再是刻板的文字，而是变得动态且高级起来。本案例将制作一个简单的歌词排版视频，介绍如何让文字动起来，效果如图 13-19 所示。下面介绍具体操作方法。

图 13-19

步骤01 打开剪映专业版，在主界面单击"开始创作"按钮+，进入素材添加界面。在素材库中找到一个横屏背景素材，并添加至主轨道中。为了在开头有歌曲名字过渡，将时间线移动至 00:00:00:25 的位置，在音频轨道添加一首带有歌词的歌曲。

步骤02 在视频开头位置添加三段文案"这条""小鱼""在乎"，作为歌曲名字设计，字体均为"霸燃手书"，同时分别为三段文字添加入场动画"向右滑动""放大""向左滑动"，时长均为 0.5s，再为三段文案添加出场动画"溶解"，且时长 0.3s。开头字体设计如图 13-20 所示。

图 13-20

步骤03 选中音频素材，并右击并选择"识别字幕/歌词"选项，剪映将自动识别歌词，并在轨道中形成文案素材。

步骤04 选中识别后的文案素材，可对每段文案进行切割设计，同时由于每段歌词文案设计不同，将素材调整区自动勾选的"文本、排列、气泡、花字应用到全部歌词"取消勾选。例如，选中第二段歌词"人生又何止这样"，复制并粘贴三次，首先选择歌词2，保留"人生"将其余文字删除，选中复制粘贴后的歌词1，保留"又这样"，其余文字删除，再选中复制粘贴后的歌词2，保留"何止"，具体设置如图 13-21 所示。

图 13-21

第13章 制作创意卡点效果

步骤 05 完成上述设置后，对文案出现位置和动画效果进行设置。首先统一将三段文案开始时间拉长至00:00:03:24 的位置，结尾时间拉长至 00:00:06:27 处。将时间线移动至 00:00:04:19 的位置，再选中"又怎样"，单击常用功能区中"向左裁剪"按钮。再将时间线移动至 00:00:04:25 的位置，选中文案"何止"，单击常用功能区中"向左裁剪"按钮。

步骤 06 对文字时长进行调整后，再添加动画效果。"人生""又怎样""何止"三段文案入场动画分别如图 13-22 所示。出场动画均为"渐隐"，时长为 0.5s。设置完成后预览区画面如图 13-23 所示。

图 13-23

步骤 07 歌词排版视频则是通过对每段文案的字体大小、颜色和位置，还有动效进行制作剪辑，读者可以根据自己的喜好对其他文案进行剪辑设计。

步骤 08 完成所有操作后，即可单击右上角"导出"按钮，将视频保存至计算机文件夹中。

例 123 蒙版卡点：制作分屏卡点效果

蒙版功能十分强大且应用广泛，提供了对视频画面的精细控制，实例 122 中可以用它来选择性地显示或隐藏画面的特定区域，创作出专业级别的视频效果。本实例将制作蒙版卡点视频，使用蒙版卡点，可以轻松实现视频内容的动态展示，无论是跟随节奏的快速切换，还是细腻的情感表达，都能通过简单的操作一一实现，效果如图 13-24 所示。下面介绍具体操作方法。

扫描看视频

图 13-22

图 13-24

步骤 01 打开剪映专业版，在主界面单击"开始创作"按钮，进入素材添加界面。在素材区添加本实例所有相应视频素材，将"素材 1.mp4"拖动至时间轴中，再添加一个合适的卡点音乐，选中卡点音乐，选择"踩节拍Ⅱ"。

步骤 02 步骤 01 已经为背景音乐自动添加节拍点，同时从轨道中音频素材的波形可看出，开头有 4 个非常明显的节拍点。选中"素材 1.mp4"，根据第 11 章实例 111 中所教蒙版抽线效果，再根据背景音乐素材节拍点，在此处进行五分屏蒙版抽线卡点剪辑。

177

步骤03 完成上述步骤后，再在主轨道中添加"素材2.mp4"，并在"素材2.mp4"上方轨道同一开头位置添加"素材3.mp4"。选中"素材3.mp4"，单击"蒙版"按钮，再选择"线性"蒙版，在第 8 个节拍点的位置打上一个蒙版关键帧；然后在第 9 个节拍点的位置打上一个蒙版关键帧；最后在第 10 个节拍点的位置打上一个蒙版关键帧，具体设置如图 13-25 所示。

图 13-25

步骤04 将时间线移动至第 9 个节拍点的位置，在"素材3.mp4"上方轨道添加"素材4.mp4"，同样选择"线性"蒙版，与步骤 03 一致，共 3 个关键帧，每隔一个节拍点打上一个蒙版关键帧，具体设置如图 13-26 所示。

图 13-26

步骤05 将时间线移动至第 10 个节拍点的位置，在上方视频轨道中添加"素材5.mp4"，选择"线性"蒙版，同样每隔一个节拍点打上 3 个蒙版关键帧，具体设置如图 13-27 所示。

第 13 章 | 制作创意卡点效果

图 13-27

步骤 06 将时间线移动至第 11 个节拍点位置，在上方视频轨道中添加"素材 6.mp4"，与前面步骤一致，同样的方法添加 3 个线性蒙版关键帧，具体设置如图 13-28 所示。

图 13-28

步骤 07 根据同样的方法，每隔一个节拍点在上方轨道添加剩余的素材，选中"素材 3.mp4""素材 4.mp4""素材 5.mp4"和"素材 6.mp4"，右击并选择"复制属性"选项，选中后面的四个素材，右击并选择"粘贴属性"选项。这样前面设置好的蒙版设置就会直接作用于后面的素材中，由于"素材 11.mp4"和"素材 12.mp4"无法形成四个素材，蒙版设置与"素材 3.mp4"和"素材 4.mp4"一致。

步骤 08 "素材 2.mp4"~"素材 11.mp4"的结尾处均在 00:00:10:24 的位置，"素材 12.mp4"结尾处为 00:00:11:04，同时为"素材 12.mp4"添加一个出场动画"渐隐"，时长为 0.5s，音频素材"淡出时长"为 1.4s。

步骤 09 完成所有操作后，即可单击右上角"导出"按钮，将视频保存至计算机文件夹中。

例 124 创意九宫格：制作朋友圈官宣视频

朋友圈九宫格视频一直是短视频平台热门视频创作的灵感来源，其适用范围广，可以制作日常 Vlog 视频，也可以制作穿搭视频，还可以制作情侣官宣视频。本实例将介绍如何制作朋友圈官宣视频，效果如图 13-29 所示。下面介绍具体操作方法。

图 13-29

步骤 01 打开剪映专业版，在主界面单击"开始创作"按钮，进入素材添加界面。在素材区添加本实例相应素材，将朋友圈九宫格图片"素材 1.jpg"拖动至时间轴主轨道中，再添加一个合适的卡点音乐，如图 13-30 所示，选中卡点音乐，选择"踩节拍Ⅱ"，并将时间线移动至 00:00:02:08 的位置，选中音频素材，单击"向左裁剪"按钮，并将裁剪后的音频素材拖动至轨道开始的位置。

179

图 13-30

步骤 02 为了方便剪辑，将九宫格图片"素材 1.jpg"延长至 00:00:13:00 的位置。将时间线移动至时间轴开始的位置，在上方视频轨道中添加图片"素材 2.jpg"，"素材 2.jpg"结尾为第 3 个节拍点处。在上方轨道复制粘贴一次图片"素材 2.jpg"，选中上方视频轨道 1 中的图片"素材 2.jpg"，在常用工具栏中单击"调整大小"按钮，裁剪比例为 1:1，将裁剪框缩小，移动至画面中男性的位置，如图 13-31 所示。裁剪完成后，再将预览区画面中"素材 2.jpg"与九宫格第一个格子对齐，如图 13-32 所示。

图 13-31

图 13-32

步骤 03 再选中上方视频轨道 2 中复制图片"素材 2.jpg"，将时间线移动至第 2 个节拍点，单击"向左裁剪"按钮，再选中上方视频轨道 2 中复制"素材 2.jpg"，单击"抠像"按钮，将画面中的男性分离出来。选择"单层描边"选项，颜色为白色，"大小"为 35，"透明度"为 100%。

步骤 04 为了不与上方视频轨道 1 的"素材 2.jpg"在预览区画面中冲突，选中复制"素材 2.jpg"，单击常用工具栏中的"镜像"按钮，复制"素材 2.jpg"，具体位置设置如图 13-33 所示。

图 13-33

步骤 05 接着，在上方视频轨道 1 中添加"素材 3.mp4"~"素材 6.jpg"，根据"素材 2.jpg"制作方法逐一对素材进行剪辑制作，所有素材时长均为 3 个节拍点，上方轨道复制素材时长为两个节拍点。为了让画面变得更清晰美观，在预览区画面中进行版式设计。

步骤 06 完成上述步骤后，第一段九宫格视频即完成，为了丰富视频内容，将介绍九宫格图片轮流卡点出现的效果。

步骤 07 每隔一个节拍点，根据顺序在上方视频轨道中添加"素材 2.jpg"~"素材 10.jpg"，且所有素材均按 1:1 比例裁剪，并缩小放置在九宫格内。

步骤 08 视频结束也设置为每隔一个节拍点，"素材 2.jpg"~"素材 10.jpg"轮流出场效果，同时 9 个图片素材时长一致，均为 00:00:05:21。

步骤 09 主轨道"素材 1.jpg"结尾与"素材 10.jpg"结尾时间保持一致，在结尾处还可在素材库中添加一个结尾素材，让视频内容更加生动。

步骤 10 完成所有操作后，即可单击右上角"导出"按钮，将视频保存至计算机文件夹。

第 13 章 | 制作创意卡点效果

例 125 柔光变速：制作氛围感柔光慢动作效果

在短视频平台中，可以看到很多热门氛围感类型的视频中，均使用柔光变速效果。本实例将介绍如何使用简单的方法制作氛围感柔光慢动作效果，效果如图 13-34 所示。下面介绍具体操作方法。

图 13-34

步骤 01 打开剪映专业版，在主界面单击"开始创作"按钮➕，进入素材添加界面。在素材区添加本实例相应视频素材"素材 .mp4"，再添加合适的慢动作卡点音乐。选中音乐素材，对其进行裁剪，将时间线移动至 00:00:05:10 的位置，单击"向左裁剪"按钮❙，再将时间线移动至 00:00:17:13 位置处，单击"向右裁剪"按钮❙，将裁剪后的音频素材拖动至时间轴开头位置，并在需要进行慢动作的位置打上一个标记点，如图 13-35 所示。

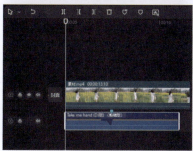

图 13-35

步骤 02 然后选中视频"素材 .mp4"，在素材调整区中选择"变速"选项，再选择"曲线变速"选项。

选择自定义变速，为了在标记点开始慢动作，需要适当调整锚点，具体设置如图 13-36 所示。

图 13-36

步骤 03 完成变速设置后，将时间线移动至视频开始的位置，在主轨道"素材 .mp4"上方添加滤镜"柔光温柔"，"强度"为 67，如图 13-37 所示，时长与视频时长对齐。

图 13-37

步骤 04 再将时间线移动至标记点的位置，添加三个特效："复古发光""边缘发光""柔光"，具体设置如图 13-38 所示，结尾时长与视频结尾时长对齐。

步骤 05 选中"素材 .mp4"、滤镜素材和特效素材，右击并选择"新建复合片段"选项，将时间线移动至音频结尾的位置，选中"素材 .mp4"，单击"向右裁剪"按钮❙。

181

图 13-38

步骤06 完成所有操作后，即可单击右上角"导出"按钮，将视频保存至计算机文件夹中。

> **提示**
> 在视频剪辑完成后都可为视频添加"渐隐"出场动画效果，对结尾的音频进行淡出处理，让视频结束得不突兀。

▶▶拓展练习 23：制作卡点定格拍照效果

卡点定格拍照效果在短视频旅游 Vlog 中很受欢迎。在第 7 章第 2 节实例 075 中，已介绍使用剪映模板功能进行此效果的剪辑。本次拓展练习将介绍如何用剪映专业版剪辑此模板效果，并使用多张图片，便于日常视频剪辑，效果如图 13-39 所示。下面介绍具体操作方法。

图 13-39

步骤01 打开剪映专业版，在主界面单击"开始创作"按钮，进入素材添加界面。在素材区添加本实例相应视频素材，并将所有视频素材按照顺序添加至时间轴主轨道中。然后添加一个收藏的卡点背景音乐，如图 13-40 所示，添加节拍点"踩节拍Ⅰ"。

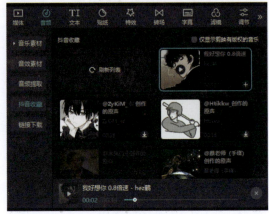

图 13-40

步骤02 将时间线移动至第 3 个节拍点的位置，在常用工具栏中单击"定格"按钮，定格一张图片，然后将后面多余的视频删除。使用"定格"功能，在"素材 2.mp4"和"素材 3.mp4"中随机定格出一张图片，选中"素材 4.mp4"，将时间线移动至"素材 4.mp4"开头，单击"定格"按钮，定格"素材 4.mp4"开头帧的图片。所有图片时长均保留为两个节拍点。

步骤03 定格图片设置完成后，根据图片进行亮度、对比度、饱和度调节，适当将图片灰度提高，根据图片情况将亮度降低、饱和度降低，然后在所有图片上方轨道添加"中性"滤镜，"强度"为 100%。

步骤04 完成上述操作后，除"素材 4.mp4"外，其余部分添加转场"闪白"，时长为 0.5s。

步骤05 完成所有操作后，即可单击右上角"导出"按钮，将视频保存至计算机文件夹中。

第 14 章　制作创意转场特效

在第 4 章的实例讲解中，详细地介绍了什么是转场，还有转场的几种使用方法，了解到在视频剪辑中，转场能让视频衔接得更流畅，并且发挥至关重要的作用。在第 4 章中讲到了"看不见"的转场，也讲到了"看得见"的转场，本章则重点在"看得见"的转场中介绍如何使用剪映专业版在素材间添加各种效果，实现转场过渡。

例 126　动画转场：制作时尚女包广告

我们将从产品广告开始介绍如何使用转场进行剪辑。本实例将制作一支女包广告，使用最为简易的 MG 动画（运动图形动画，Motion Graphics Animation）进行剪辑制作。通过动画转场，平滑地引导观众的视线，展示女包的每一个细节和特点，效果如图 14-1 所示。下面介绍具体操作方法。

图 14-1

步骤 01 打开剪映专业版，在主界面单击"开始创作"按钮➕，进入素材添加界面。在素材区添加本实例相应视频素材，然后添加一个合适的背景音乐。

步骤 02 在时间轴主轨道中添加"素材 1.mp4"作为第一个画面的背景，然后将时间线移动至 00:00:01:00 的位置，在上方视频轨道中添加"素材 2.jpg"。同时添加入场动画"抖动变焦"，时长为 0.7s，然后在"素材 2.jpg"开头位置打上一个位置关键帧，为了不超出入场动画时长，再将时间线移动至 00:00:01:09 的位置，打上一个位置关键帧，关键帧具体设置如图 14-2 所示。

步骤 03 同样在 00:00:01:00 的位置，添加"素材 3.jpg"~"素材 7.jpg"，放置于"素材 2.jpg"和"素材 1.mp4"中间的轨道中。为了做出物品从包里四散开来的效果，分别在"素材 3.jpg"~"素材 7.jpg"开头的位置打上一个位置关键帧，将"缩放"调整至 5% 左右，然后将时间线移动至 00:00:01:09 的位置，再分别打上一个位置关键帧，将"缩放"调大，并且放置在预览区画面中包的四周。这样，一个物品四散开来的效果就制作完成了，同时画面 1 所有素材的结束位置为 00:00:05:00。

图 14-2

步骤 04 完成画面 1 的剪辑后，画面 2 将参照画面 1 的步骤进行剪辑制作，画面 2 时长保留为 4s。

步骤 05 完成了画面的 2 剪辑后，为了将画面 1 和画面 2 更自然地衔接，首先选中"素材 2.jpg"，将时间线移动至 00:00:04:00 的位置，打上一个位置关键帧，再将时间线移动至"素材 2.jpg"结尾的位置，再打上一个位置关键帧，具体设置如图 14-3 所示。

183

然后将时间线移动至画面 2 中的"素材 2.jpg"开头位置，打上一个位置关键帧，再将时间线移动至 00:00:05:20 的位置，再打上一个位置关键帧，具体设置如图 14-4 所示。这样丝滑无痕的动画转场即制作完成。

图 14-3

图 14-4

步骤 06 剪映专业版同时还自带了动画转场功能。单击左侧工具栏中的"转场"按钮，然后在左侧选项栏中找到并选择"MG 动画"选项，在其中找到一个合适的转场动画，并添加至画面 2 和画面 3 之间，如图 14-5 所示。

图 14-5

步骤 07 完成所有剪辑后，即可单击右上角"导出"按钮，将视频保存至计算机文件夹中。

> **提示**
>
> 轨道中素材顺序与画面元素层级顺序相关联，在剪辑时要注意预览区画面布局。

例 127 抠像转场：制作旅拍打卡视频

抠像转场是短视频中制作 Vlog 常用的一种转场剪辑方法。本实例将通过旅拍打卡视频，介绍抠像转场的两种方法，效果如图 14-6 所示。下面介绍具体操作方法。

扫描看视频

图 14-6

步骤01 打开剪映专业版，在主界面单击"开始创作"按钮＋，进入素材添加界面。在素材区添加本实例相应视频素材，在时间轴主轨道中添加"素材 2.mp4"，在上方视频轨道轨道中添加"素材 1.mp4"。将时间线移动至 00:00:02:23 的位置，选中"素材 1.mp4"并单击常用工具栏中的"向右裁剪"按钮，再将时间线移动至 00:00:04:29 的位置，选中"素材 2.mp4"并单击常用工具栏中的"向右裁剪"按钮。

步骤02 选中"素材 1.mp4"，单击素材调整区中的"抠像"按钮，选择"色度抠图"选项，设置"取色"为绿色、"强度"为 15，"边缘羽化""边缘清除"均调整至 100。

步骤03 接着将时间线移动至 00:00:01:28 的位置，选中"素材 1.mp4"，打上一个位置关键帧，再将时间线移动至 00:00:02:12 的位置，再打上一个位置关键帧，最后将时间线移动至 00:00:02:20 的位置，打上一个位置关键帧，三个关键帧具体设置如图 14-7 所示。

步骤04 选中"素材 2.mp4"，将时间线移动至 00:00:01:28 的位置，打上一个位置关键帧，再将时间线移动至 00:00:02:20 的位置，打上一个位置关键帧，关键帧具体设置如图 14-8 所示。

图 14-8

步骤05 为了让"素材 1.mp4"和"素材 2.mp4"更好地衔接，选中"素材 1.mp4"，添加出场动画"渐隐"，时长为 0.1s，第一个抠像转场即制作完成。

步骤06 下面通过"素材 2.mp4"和"素材 3.mp4"的转场制作方法，介绍第二个抠像转场的剪辑技巧，该抠像转场非常简单，同时也是近期短视频中非常受欢迎的一种抠像转场技巧。

步骤07 首先将时间线移动至 00:00:04:04 的位置，在上方视频轨道中添加"素材 3.mp4"，再将时间线移动至 00:00:04:29 的位置，单击常用工具栏中的"分割"按钮。选中"素材 3.mp4"分割后的第一段素材，选择抠像功能中的"自定义抠像"，将画面中建筑物部分分离出来。再单击"应用效果"按钮，即第二种抠像转场方法制作完成。这样的方法让"素材 2.mp4"和"素材 3.mp4"中的转场更有趣且不生硬。

步骤08 后续的素材剪辑将参照步骤 07 的抠像转场剪辑方法进行剪辑。

图 14-7

例 128 遮挡转场：制作潮流服饰广告

遮挡转场是短视频中最为常用的一种转场剪辑方式，应用范围非常广，我们可以在日常 Vlog 视频里看到，也可以在变装视频里看到，这种转场方法最适合应用于服饰广告中，通过遮挡转场的方式进行多种样式的服装展示。本节实例将简单对如何使用遮挡转场进行潮流服饰广告制作进行简单讲解，效果如图 14-9 所示。

图 14-9

本实例制作要点

- 导入视频素材后，将预览区画面比例调整为 9:16，同时需要对画面大小进行裁剪，将所有素材画面裁剪比例均调整为 9:16。
- 遮挡转场需要前一段视频有一个很明显的遮挡物，以便于转场至下一个场景。
- 由于本实例遮挡转场上下两段素材没有太大的联系，所以需要使用"蒙版"功能辅助遮挡转场，让转场更丝滑连贯。
- 进行剪辑时，可以根据踩点背景音乐的标记点进行剪辑，让画面跳转更自然。

提示

在本实例中，由于可用素材相对有限，我们发现视频上下两段之间的联系并不紧密。为了加强这种联系，我们将利用"蒙版"功能以及其他剪辑技巧来辅助编辑工作。在自行创作遮挡转场时，一个有效的方法是拍摄两段具有相似性的场景，确保它们包含共同的元素，或者在视频的开头和结尾都采用遮挡的拍摄手法。这样的拍摄策略将大大简化剪辑过程，并使得转场效果更加流畅和自然。遮挡转场的技巧种类繁多，它是创意剪辑的

绝佳工具。我们鼓励读者激发自己的想象力，尝试创造出各种独特而富有创意的遮挡转场效果，玩出视频剪辑新花样。

例 129 无缝转场：制作电影感旅行大片

在剪辑中，无缝转场是一种让故事流畅叙述而不被打断的关键技术。这种技术巧妙地连接不同的镜头，创造出一种观众几乎察觉不到的过渡效果。无缝转场不仅增强了视频的连贯性，更在无形中推动了叙事进展，让观众的注意力始终保持在内容上，效果如图 14-10 所示。

图 14-10

本实例制作要点

- 无缝转场的关键，在于剪辑时上下两段素材都需要两段相似的元素。
- 本实例选用人物背影进行无缝转场，为了让衔接点更丝滑，两段素材转场时可以添加"叠化"转场特效。

例 130 瞳孔转场：制作人物瞳孔穿越效果

瞳孔转场是影视剧中常用的一种剪辑方法，最常用在科幻类影视作品中，现如今随着短视频的发展，这种转场技巧也常用在创意短视频剪辑中，其可以衔接人物和场景，让作品更具有感染力。本实例将通过人物瞳孔穿越视频进行瞳孔转场制作讲解，效果如图 14-11 所示。

第 14 章 | 制作创意转场特效

图 14-11

图 14-13

步骤01 打开剪映专业版，在主界面单击"开始创作"按钮➕，进入素材添加界面。在素材区添加本实例相应视频素材，并将所有素材拖动至主轨道中，同时添加一个合适的背景音乐。

步骤02 将时间线移动至开头的位置，选中"素材 1.mp4"，打上一个位置关键帧，维持原设置不变，再将时间线移动至"素材 1.mp4"结尾的位置，再打上一个关键帧，将"缩放"调整为 312%，具体设置如图 14-12 所示。

步骤04 再选中上方视频轨道"素材 1.mp4"，单击"蒙版"按钮，选择"圆形"蒙版，单击"反转"按钮，具体设置如图 14-14 所示。

图 14-14

步骤05 蒙版设置完成后，将时间线移动至 00:00:05:14 的位置，选中时间轴中所有素材，单击"向右裁剪"按钮，将多余的素材删除。

步骤06 完成所有剪辑后，即可单击右上角"导出"按钮，将视频保存至计算机文件夹中。

> **提示**
>
> 在裁剪完"素材 2.mp4"后，可以选中"素材 2.mp4"和上方视频轨道"素材 1.mp4"，右击并选择"新建复合片段"选项，然后在主轨道两段素材衔接处添加"叠化"转场，让视频转场更丝滑。

图 14-12

步骤03 将时间线移动至 00:00:00:22 的位置，单击"分割"按钮，将分割后的片段移动至同一时间区域上方视频轨道中，"素材 2.mp4"将会自动移动至下方主轨道中，如图 14-13 所示。

例 131 裂缝转场：制作时空裂缝特效

扫描看视频

　　裂缝转场常用在酷炫的短视频中，成为连接不同场景的桥梁。这种转场技术通过模拟光线穿过裂缝或物体表面的动态效果，创造出一种时空穿梭的错觉。裂缝转场不仅能够为视频增添神秘感和深度，还能在视觉上引导观众的注意力，从一个场景平滑过渡到另一个场景。本节实例将简单对如何制作裂缝转场进行简单讲解，效果如图 14-15 所示。

187

图 14-15

本实例制作要点

- ☐ 裂缝特效可以在剪映自带素材库中找到并添加。添加特效后选择"滤色"混合模式。
- ☐ 为了让人物跳转时空的效果更真实,可以复制人物跳河的素材,并粘贴至上方轨道中,使用抠像功能将粘贴的视频中人物分离出来。
- ☐ 裂缝转场的要点在于蒙版和关键帧的配合使用,注意时间轴中素材放置轨道的顺序。

例 132 文字穿越转场:制作汽车广告视频

文字穿越转场采用了绿幕素材抠像转场的方法,两种都是对位置关键帧的运用,本节将简单对文字穿越转场进行讲解,效果如图 14-16 所示。

图 14-16

本实例制作要点讲解

- ☐ 导入"素材 1.mp4",直接输入需要的文字,并将文字颜色调整为绿色。
- ☐ 本实例的关键帧运用在文字素材上,为文字素材打上三个位置关键帧,以便达到由小变大的效果,最后一个关键帧需将文字素材无限放大,让绿色铺满全屏。
- ☐ "素材 1.mp4"应放置在"素材 2.mp4"轨道上方,"素材 1.mp4"的时长不能超过"素材 2.mp4"。

- ☐ 文字素材剪辑完成后,选中文字素材和"素材 1.mp4",右击并选择"新建复合片段"选项,这样绿幕素材就制作完成了,后续只需要对新建复合片段"素材 1.mp4"进行色度抠图即可。
- ☐ 完成视频剪辑后,还可以添加合适的背景音乐丰富视频内容。

提示

在进行色度抠图时,需要调节强度、阴影等数值,将边缘绿色抠除。

▶▶ **拓展练习 24:使用叠加素材让转场效果更自然**

叠加素材转场丰富画面,流畅衔接,自然转场。剪映自带"叠化"效果,但功能有限。本次练习使用蒙版功能进行叠加素材转场,介绍其中一种效果,效果如图 14-17 所示。

图 14-17

本实例要点讲解

- ☐ 第一步可以直接添加背景音乐并添加标记点,方便素材剪辑。
- ☐ "素材 2.mp4"需放置在"素材 1.mp4"轨道上方,使用"线性"蒙版进行剪辑。
- ☐ 蒙版关键帧设置完成后,可以为"素材 2.mp4"添加一个"渐显"入场动画,让画面衔接更流畅。

第 15 章 制作影视特效

现如今，短视频已经深刻地融入每一个人的生活中，各种各样的短视频类型层出不穷，不仅视频的内容丰富、新颖，后期特效也"卷"出了新天地。借助剪映，普通人也能将影视剧中那些令人印象深刻的特效应用到自己的作品中。从绚丽的粒子效果到逼真的场景变换，剪映提供了丰富的特效资源和工具，让创意得以轻松实现。本章将从酷炫的武器特效开始，介绍 9 种短视频常用的特效制作方法，让视频更有吸引力。

例 133 武器特效：制作武侠片的剑气特效

武侠影视剧中的特效特别炫酷，但影视剧中的特效在制作中使用的设备要更为专业，对普通人来说有一定门槛。不过现在我们可以通过使用剪映制作简单的武侠片剑气特效，以此实现武侠梦，效果如图 15-1 所示。下面介绍具体操作方法。

图 15-1

步骤01 打开剪映专业版，在主界面单击"开始创作"按钮+，进入素材添加界面。在素材区添加本实例相应视频素材，并将"素材 1.mp4"拖动至主轨道中，同时添加一个合适的背景音乐。

步骤02 将时间线移动至画面中人物将要拔剑的时刻，在上方轨道添加特效"剑气特效素材 2.mp4"，在预览区画面中调整剑气特效大小，与剑适配，然后选择"滤色"混合模式。

步骤03 在完成上述操作后，可以在特效下方音频轨道中添加拔剑音效，让画面内容更丰富。

步骤04 完成所有剪辑后，即可单击右上角"导出"按钮，将视频保存至计算机文件夹中。

> **提示**
>
> 由于本实例素材选取有限，读者可以自行拍摄，创作出多种多样的武侠片剑气特效。

例 134 功夫特效：制作轻功水上漂特效

轻功水上漂是武侠片中最常见的特效。本实例将介绍如何制作一个简单的轻功水上漂特效，以此提升视频的趣味性，效果如图 15-2 所示。下面介绍具体操作方法。

图 15-2

步骤01 打开剪映专业版，在主界面单击"开始创作"按钮+，进入素材添加界面。在素材区添加本实例相应视频素材，并将"素材 1.mp4"拖动至主轨道中，"素材 1.mp4"上方画中轨道中添加"素材 2.mp4"。

步骤02 "素材 2.mp4"添加完成后，使用抠像功能将画面中人物分离出来，然后适当调整其在画面中的位置，具体设置如图 15-3 所示。"素材 2.mp4"调整完成后，选中"素材 2.mp4"，右击并选择"复制"选项，并在上方轨道粘贴，目的是在湖面上能看到倒影，让效果更逼真，具体设置如图 15-4 所示。继续选中复制"素材 2.mp4"，将其"不透明度"调整为 29%，如图 15-5 所示。

步骤03 完成上述操作后，为了让画面更逼真，画面中人物每一次落脚时，在素材库中找到并添加"水花"特效至画中画轨道中，调整特效时长，与落脚位置对齐，如图 15-6 所示。

图 15-3

图 15-4

图 15-5

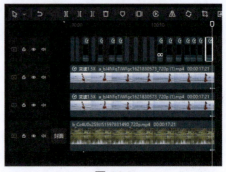

图 15-6

步骤 04 完成所有剪辑后，即可单击右上角"导出"按钮，将视频保存至计算机文件夹中。

> **提示**
>
> 　　本实例同样因为素材选取局限，无法达到最佳效果，读者在自行创作时，可以在阳光较好的天气拍摄一段从右至左或者从左至右的奔跑视频，奔跑时最好带一点弹跳，让"水上漂"的效果更加逼真。同时为了抠像效果更好，在拍摄视频时整体妆造最好简洁干净，线条感强，这样更利于抠像。

例 135　变身特效：制作变身神龙特效

本实例将制作神龙变身特效，用一个实例介绍如何制作变身效果，让读者能更好地进行视频剪辑创作，效果如图 15-7 所示。下面介绍具体操作方法。

扫描看视频

图 15-7

步骤 01 首先准备好一段空旷有地面的空镜视频，以及一段同样机位同样场景有人物跳跃的视频。然后打开剪映专业版，在主界面单击"开始创作"按钮 ，进入素材添加界面。在素材区添加本实例相应视频素材，将人物跳跃视频"素材人物 2.mp4"放置在时间轴主轨道的开头位置，空镜视频"素材空镜 1.mp4"放置在"素材人物 2.mp4"的后方。

步骤 02 添加完成后，将时间线移动至人物跳跃至空中最高处的位置，单击"向右裁剪"按钮▮，只保留跳跃到最高处的这一段。

步骤 03 然后在上方画中画轨道添加龙的特效和火焰燃烧特效。龙的特效素材选择色度抠图，将龙分离出来，火焰燃烧特效由于是黑色背景，选择"滤色"混合模式即可将火焰元素抠出。

步骤 04 将火焰特效素材移动至将要跳到最高点的位置，并将其放大，以便覆盖全身，龙的特效素材放置在"素材空镜1.mp4"开头的位置，这样变身神龙的特效就制作完成了。

> **提示**
>
> 制作变身特效的关键在于准备两段场景一致的视频：一段包含人物，另一段则是同一场景的空镜头。在此基础上，我们可以为火焰特效添加一个"渐显"入场动画，使其从淡入到显现，创作出一种自然而生动的从无到有的视觉体验。这样的处理不仅增强了变身特效的流畅性，更赋予了整个场景一种细腻且连贯的过渡感。

例 136 飞天特效：制作腾云飞行特效

当我们观看《西游记》时，孙悟空那神通广大的腾云驾雾场景总是让人目不转睛。本实例将介绍如何创作出简易而效果逼真的腾云飞行特效，让视频中的人物像孙悟空一样，轻松驾驭云层，实现令人惊叹的空中飞行体验，效果如图15-8所示。下面介绍具体操作方法。

图 15-8

步骤 01 打开剪映专业版，在主界面单击"开始创作"按钮⊞，进入素材添加界面。在素材区添加本实例相应视频素材，并将云层"素材背景1.mp4"添加至主轨道中，然后在上方画中画轨道中添加"素材云朵特效2.mp4"。

步骤 02 由于"素材云朵特效2.mp4"还达不到腾云驾雾中的云朵效果，选中"素材云朵特效2.mp4"，单击"蒙版"按钮，选择"矩形"蒙版，具体设置如图15-9所示，这样就制作出了云朵效果。为了能让这朵云飘走，将时间线移动至00:00:01:14的位置，打上一个位置关键帧，再将时间线移动至00:00:07:09的位置，再打上一个位置关键帧，具体设置如图15-10所示。

图 15-9

图 15-10

步骤 03 接着在素材库中搜索孙悟空绿幕素材特效，并将其添加至"素材云朵特效 2.mp4"上方轨道中，并使用色度抠图功能将孙悟空抠出，调整预览区画面位置，将孙悟空放置在"素材云朵特效 2.mp4"中云朵上方，呈现一种腾云驾雾的效果。由于该绿幕素材是竖屏，抠像完成边缘会有黑色边框，使用"镜面"蒙版即可将黑色边框消除。

步骤 04 为了配合"素材云朵特效 2.mp4"的移动，选中孙悟空素材，将时间线移动至 00:00:01:14 的位置，打上一个位置关键帧，再将时间线移动至 00:00:07:09 的位置，再打上一个位置关键帧，具体设置如图 15-11 所示。这样孙悟空腾云驾雾的效果即制作完成。

图 15-11

例 137 粒子特效：制作人物粒子消散特效

在第 12 章例 112 中介绍了使用粒子特效制作文字消散效果的方法。本节将在此基础上，展示如何应用相同的技术来制作人物消散效果，效果如图 15-12 所示。

图 15-12

本实例制作要点

- 与变身特效相同，需要准备两段场景一致的视频：一段包含人物，另一段则是同一场景的空镜头。
- 但不同的是，需要将有人物的"素材人物 2.mp4"放置在空镜素材"素材空镜 1.mp4"上方画中画轨道中，同时"素材人物 2.mp4"时长应小于"素材空镜 1.mp4"时长。
- 与文字消散效果制作方法一致，为了能达到粒子消散的效果，在添加粒子特效后，选中"素材人物 2.mp4"，单击"蒙版"按钮，选择"线性"蒙版，在开头和结尾分别打上关键帧，通过"线性"蒙版的位置变化达到人物消散的效果。

例 138 分身特效：制作人物分身特效

分身特效的制作方法非常简单，这一特性使其成为影视创作中的常用技巧。由于其易于实现，创作者经常利用这一特效来丰富视觉效果，增强叙事的趣味性和动态性。本实例将简单介绍使用剪映专业版制作分身特效的几种方法，效果如图 15-13 所示。

图 15-13

本实例制作要点

- 剪映自带了 3 种分身特效，分别是"碎片分身""分身""分身Ⅲ"，每一种都设计得

第 15 章 | 制作影视特效

既直观又易于操作。这些特效不仅丰富了视频编辑的创意选项，而且大幅节省了视频制作时间。

□ 利用人物抠像与关键帧的协同工作，我们同样能够创作出令人信服的分身效果。首先，复制原始视频素材，并在上方的画中画轨道中进行粘贴，根据所需的分身数量来决定粘贴的次数。接下来，对画中画轨道中的每个复制素材进行人物抠像，将人物从背景中独立出来。最后，通过在关键帧上调整位置参数，便能够实现人物分身在视频中的动态移动，从而实现分身特效效果。

例 139 换脸特效：制作人物变脸特效

换脸特效一直是短视频创作中离不开的特效之一。本节将介绍如何用剪映专业版简单制作换脸特效，让视频制作变得更加有趣，效果如图 15-14 所示。下面介绍具体操作方法。

步骤01 打开剪映专业版，在主界面单击"开始创作"按钮，进入素材添加界面。在素材区添加本实例相应视频素材，并将"素材 1.mp4"添加至时间轴主轨道中。

图 15-14

步骤02 选中"素材 1.mp4"，将时间线移动至"素材 1.mp4"结尾的位置，单击"定格"按钮，将人物定格出来。然后将"素材 2.mp4"拖动至时间轴中，并且定格一张图片，将定格的图片放置在"素材 1.mp4"定格图片上方画中画轨道中。

步骤03 选中定格"素材 2.mp4"，选择"圆形"蒙版，具体设置如图 15-15 所示，这样换脸效果即制作完成。

图 15-15

例 140 文字特效：制作金色粒子字幕特效

金色粒子字幕作为常见的视频元素，在短视频制作中扮演着重要角色。这种引人注目的字幕特效不仅适合作为视频的引人入胜的开场，也适合作为令人难忘的结尾，或是在需要特别强调文字信息时使用。本实例将简单介绍如何制作金色粒子字幕特效，效果如图 15-16 所示。

193

图 15-16

图 15-17

本实例制作要点

☐ 首先利用黑色背景素材制作一个文字视频素材，然后在文字视频素材上方画中画轨道中添加一个金色粒子星光背景素材。选中金色粒子星光背景素材，选择"正片叠底"混合模式，金色粒子字幕即制作完成。

☐ 为了让画面内容更丰富，还可以在上方轨道中添加金色粒子素材，选择"滤色"混合模式，即可达到需要的效果。

▶▶ 拓展练习 25：制作灵魂出窍特效

灵魂出窍特效的应用范围非常广，是年轻人最爱使用的特效之一。其既可用于搞笑类的短视频中，也可以应用在酷炫类的短视频中。本章拓展练习将简单介绍灵魂出窍特效制作要点，效果如图 15-17 所示。

本实例制作要点

☐ 本实例灵魂出窍制作方法与分身特效制作方法相似，都是需要通过抠像功能，将素材中人物分离出来。

☐ 不同的是，本次拓展练习分离出来的人物需要将"不透明度"调整至 50% 左右，以此达到灵魂出窍的效果。

第 16 章 短视频综合实战

在本书的终章，我们通过制作微电影预告片和城市宣传片两个综合案例，对前面章节介绍的知识点进行系统性的应用，让读者能够深入地用综合性的思维进行剪辑创作。

16.1 制作微电影预告片

微电影以短小精悍、成本低廉、制作灵活著称，占据影视界一席之地。时长为几分钟至几十分钟，传达完整故事或主题。创作者之所以青睐微电影，因其门槛低，个人和小型团队均可展示创意；创作自由度高，可尝试不同题材和手法。本节专注微电影预告片制作，预告片是宣传关键，吸引观众注意，展示作品风格和质量。同时需掌握剪辑技巧、叙事节奏和视觉呈现。成功的预告片吸引观众，传达作品独特魅力，给人留下深刻印象，效果如图 16-1 所示。下面介绍制作方法。

图 16-1

例 141 制作片头

预告片的片头作为观众接触作品的第一印象，承载着至关重要的作用。它不仅要迅速吸引观众的注意力，还要在极短的时间内展示作品主题和故事精髓。本节将从片头开始，介绍如何制作微电影预告片，效果如图 16-2 所示。下面具体介绍制作方法。

图 16-2

步骤01 打开剪映专业版，在主界面单击"开始创作"按钮➕，进入素材添加界面。在素材区添加本实例相应视频素材，并将"素材 1.mp4"添加至时间轴主轨道中，根据画面内容，添加"火车鸣笛"音效，将时间线移动至 00:00:02:09 的位置，选中"素材 1.mp4"和音效素材，单击"向右裁剪"按钮❙▶。

步骤02 然后在时间轴主轨道添加"素材 2.mp4"和音效素材"火车在轨道行驶的声音"，将时间线移动至 00:00:05:00 的位置，添加音效素材"火车在轨道行驶的声音"，单击"向右裁剪"按钮❙▶。再选中"素材 2.mp4"，为了确保与"素材 1.mp4"的紧密衔接，完成无缝转场，将时间线移动至火车出现在画面的位置，也就是 00:00:04:17 的位置，单击"向左裁剪"按钮◀❙，然后再将时间线移动至 00:00:05:00 的位置，单击"向右裁剪"按钮❙▶。这样开头粗剪就完成了。

步骤03 然后通过添加文字和动画效果对开头进行剪辑。

步骤04 选中"素材 1.mp4"，为了达到电影开场缓缓进入的效果，添加入场动画"渐显"，时长为 1s。

步骤05 然后将时间线移动至"素材 2.mp4"开头位置，添加四段文字素材，具体字体和位置设置如图 16-3 所示。

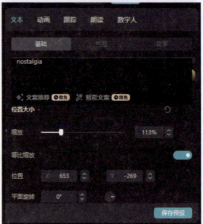

图16-3

> **提示**
> 粗剪是对视频素材的初步筛选和组合，旨在构建起宣传片的基本框架和叙事脉络。这一过程要求我们对素材进行快速而精准的编辑，确保每个镜头都能够流畅地衔接，为观众呈现一条连贯的故事线。

例142 剪辑视频

完成片头剪辑后，紧接着是预告片主要内容剪辑，向观众传达出微电影的核心内容和主题。预告片中巧妙地设置一个转折点，不仅能够吸引观众的目光，还能激发他们的兴趣。在结尾提升情感的深度，与观众建立情感上的联系，产生情感共鸣，从而在观众心中留下深刻的印象，并激发他们对完整作品的期待，效果如图16-4所示。下面具体介绍制作方法。

196

第 16 章 | 短视频综合实战

图 16-4

步骤01 回到剪辑界面，将时间线移动至 00:00:00:21 的位置，添加一段符合预告片主题的背景音乐，如图 16-5 所示，"淡入时长"为 2.2s，然后将其余素材全部移动至时间轴主轨道中。

图 16-5

步骤02 将"素材 5.mp4"移动至画中画上方轨道中，并且与"素材 6.mp4"开头对齐，选中"素材 5.mp4"和"素材 6.mp4"，将时间线移动至 00:00:11:14 的位置，单击"向右裁剪"按钮，将多余的素材删除。

步骤03 选中"素材 5.mp4"，选择"变量"混合模式，且设置"不透明度"为 75%，如图 16-6 所示。

图 16-6

步骤04 其余片段剪辑如表 16-1 所示。

表 16-1

素材顺序	片段内容	时长
素材 3.mp4	夜晚城市汽车	00:00:02:01
素材 4.mp4	女子夜晚加班头痛	00:00:02:02
素材 5.mp4+素材 6.mp4	夜晚城市 + 女子夜晚独自行走	00:00:02:12
素材 7.mp4	女子一人吃晚饭且难以下咽	00:00:09:22
素材 8.mp4	母亲夜晚独自缝补衣服	00:00:04:06
素材 9.mp4	女子握住门把手并打开房门	00:00:06:26
素材 10.mp4	女子和母亲拥抱（变速 2.0x）	00:00:02:18
素材 11.mp4	女子和母亲拥抱	00:00:04:05
素材 12.mp4	女子为母亲披衣裳	00:00:04:18
素材 13.mp4	女子靠在母亲肩头	00:00:02:14
素材 14.mp4	母女背影	00:00:04:22

例 143 视频调色

扫描看视频

视频调色要依据影片内容和情感调整。微电影预告片开头结尾用复古色调营造怀旧氛围，前半段采用暗色调表现孤独与压抑，后半段转为明亮色调展现重逢喜悦与家庭温馨，效果如图 16-7 所示。下面具体介绍制作方法。

图 16-7

197

步骤01 回到剪辑界面,选中"素材1.mp4",选择"调节"选项中的"基础"调色,具体设置如图16-8所示。

步骤02 然后选中"素材1.mp4",具体调节如图16-9所示。

图16-8

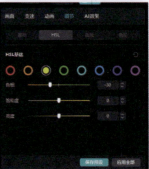

图16-10

步骤04 选中"素材10.mp4"~"素材13.mp4",选择"调节"选项中的"基础"调节,具体设置如图16-11所示。

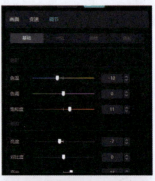

图16-9

图16-11

步骤03 选中"素材14.mp4",选择HSL调色,具体设置如图16-10所示。然后在上方轨道中添加特效"胶片框"。

步骤05 视频调色即完成。

第 16 章 短视频综合实战

例 144 制作字幕

在视频制作中，字幕不仅是信息传递的工具，也是艺术表达，加深观众对内容的理解和感受。字幕设计和使用能引导观众注意力，强化情感和信息传达。微电影预告片中，字幕传达电影名、上映时间、导演等信息，旁白字幕引导观众，甚至通过文字转场增强视觉叙述力，效果如图 16-12 所示。下面具体介绍制作方法。

图 16-12

步骤01 回到剪辑界面，将时间线移动至"素材 3.mp4"开头的位置，添加一段文案，将时长延长至"素材 4.mp4"开始的位置。文案具体设置如图 16-13 所示。

步骤02 根据上述步骤，为"素材 7.mp4"和"素材 12.mp4"添加文案。添加文案完成后，选中文案，在素材调整区中选择"朗读"选项，选择一种喜欢的声音将文本朗读出来。或者单击常用工具栏中的"录音"按钮，自行将文本朗读出来。

步骤03 将时间线移动至"素材 8.mp4"和"素材 9.mp4"相接的位置，在此处时间轴主轨道中添加黑色背景素材，在上方轨道中添加文案，具体设置如图 16-14 所示。

图 16-13

图 16-14

步骤04 然后将时间线移动至"素材 13.mp4"和"素材 14.mp4"相接的位置，同样在此处时间轴主轨道中添加黑色背景素材，在上方轨道中导入文案，具体设置如图 16-15 所示。

还可以添加贴纸。为了让画面和文字更和谐，复制"素材13.mp4"，在上方画中画轨道粘贴，选择"抠像"选项，将画面中人物分离出来，然后将人物置于文字上方。

步骤06 完成了字幕添加和设置后，为了更好地完成动画效果添加，分别选中文字和下方主轨道中的视频，右击并选择"新建复合片段"选项。

> **提示**
>
> "素材3.mp4"上方的文案时间延长至了"素材4.mp4"，所以这一段需要同时选中"素材3.mp4""素材4.mp4"和其上方文字，然后执行"新建符合片段"的操作。

例 145 制作动画

字幕制作完成后，添加动画。为了让画面衔接得更流畅，动画是不可或缺的得力助手，效果如图16-16所示。下面介绍具体制作方法。

扫描看视频

图 16-16

步骤01 回到剪辑界面，将时间线移动至"素材2.mp4"和"素材3.mp4"中间位置，添加转场"闪黑"，时长为1.0s。再将时间线移动至"素材6.mp4"和"素材7.mp4"中间的位置，添加转场"叠化"，时长为1.0s。再将时间线移动至"素材9.mp4"和"素材10.mp4"中间的位置，添加转场"闪白"，时长为1.0s。最后将时间线移动至"素材12.mp4"和导演文案中间的位置，添加转场"闪白"，时长为1.2s。

步骤02 为了让片尾结束得不突兀，为背景音乐设置"淡出时长"为2s。

步骤03 完成所有剪辑后，即可单击右上角"导出"按钮，将视频保存至计算机文件夹中。

图 16-15

步骤05 将时间线移动至"素材14.mp4"，在此处添加微电影片名和上映时间，为了丰富画面内容，

16.2 制作城市宣传片

随着短视频时代的到来，城市宣传片在短视频领域占据重要地位。它以高效的方式传递城市形象和信息，提升知名度，吸引投资和旅游，加强居民认同感。同时，它也是城市对外交流的重要工具，跨越语言和文化障碍，展示城市独特魅力。本节将通过一个实例介绍如何制作简单的城市宣传片，效果如图 16-17 所示。下面具体介绍制作方法。

图 16-17

例 146 制作片头

与微电影宣传片不同的是，城市宣传片片头更为重要，需要在开头通过几个镜头抓住观众的眼球。让观众立刻对城市的特色有一个直观的感受。本节内容将从城市宣传片的片头制作入手，介绍视频制作步骤，效果如图 16-18 所示。下面具体介绍制作方法。

图 16-18

步骤01 打开剪映专业版，在主界面单击"开始创作"按钮+，进入素材添加界面。在素材区添加本实例相应视频素材，并将所有素材添加至时间轴主轨道中，然后添加一段背景音乐至时间轴中，如图 16-19 所示，并添加音乐节拍标记"踩节拍Ⅱ"。

图 16-19

步骤02 将时间线移动至第 5 个节拍点处，选中"素材 1.mp4"，单击"向右裁剪"按钮Ⅱ，再将时间线移动至第 9 个节拍点处，选中"素材 2.mp4"，单击"向右裁剪"按钮Ⅱ。"素材 3.mp4"~"素材 7.mp4"时长皆为 5 个节拍点区间。视频剪辑完成后，选中音乐素材，将时间线移动至 00:00:13:22 的位置，对背景音乐进行分割，并将剩余的素材删除，同时"淡出时长"为 1.0s。

步骤03 将时间线移动至"素材 4.mp4"开头的位置，在上方轨道中添加文案，根据第 13 章例 123 所教内容设计画面中的字体样式。时长延长至"素材 7.mp4"结尾处。

步骤04 文字设置完成后在"素材 1.mp4"开始的位置添加"开幕"特效，设置一个开场特效。然后将时间线移动至 00:00:05:04 的位置，添加"震动屏闪"特效，具体设置如图 16-20 所示。

图 16-20

步骤05 接着在"素材 1.mp4"和"素材 2.mp4"中间添加"叠化"转场动画，时长为 0.4s，"素材 3.mp4"和"素材 4.mp4"中间添加"水墨"转场动画，时长为 0.8s。

步骤 06 最后，选择"素材 2.mp4"，添加组合动画"缩放"，再选择"素材 3.mp4"，添加组合动画"缩放Ⅱ"。城市宣传片头即制作完成。

例 147 制作动画和转场效果

片头制作完成后，进行内容的粗剪和效果的添加，效果如图 16-21 所示。下面简单介绍制作方法。

图 16-21

步骤 01 回到剪辑界面，在 00:00:12:26 的位置添加背景音乐，如图 16-22 所示。同样添加音乐节拍标记"踩节拍Ⅱ"。通过背景音乐节拍点对正片进行剪辑，最终视频保留时长为 00:00:49:27，如图 16-23 所示。

步骤 02 视频粗剪完成后，添加动画效果。选中"素材 8.mp4"和"素材 9.mp4"，添加组合动画"缩放"。其余素材动画如表 16-2 所示。

表 16-2

素材	动画	时长
素材 8.mp4	组合动画：缩放	
素材 9.mp4	组合动画：缩放	
素材 10.mp4	入场动画：展开	1.0s
素材 11.mp4	出场动画：横向模糊	0.6s
素材 12.mp4	入场动画：抖动横移	0.6s
	出场动画：抖动横移	0.4s
素材 13.mp4	组合动画：缩放Ⅱ	
素材 14.mp4	入场动画：展开	0.5s
素材 15.mp4	出场动画：闪现	0.5s
素材 16.mp4	入场动画：展开	0.5s
素材 21.mp4	出场动画：渐隐	0.5s

步骤 03 动画添加完成后，开始添加转场效果。

步骤 04 将时间线移动至"素材 7.mp4"和"素材 8.mp4"中间位置，添加转场"两点模糊"，时长为 0.9s。

步骤 05 然后将时间线移动至"素材 12.mp4"和"素材 13.mp4"中间的位置，添加转场"闪黑"，时长为 0.5s。

步骤 06 接着将时间线移动至"素材 16.mp4"和"素材 17.mp4"中间的位置，添加转场"推进"，时长为 0.5s。

步骤 07 再将时间线移动至"素材 18.mp4"和"素材 19.mp4"中间的位置，添加转场"闪白"，时长为 0.5s。

步骤 08 再将时间线移动至"素材 19.mp4"和"素材 20.mp4"中间的位置，添加转场"黑白反转片"，时长为 0.8s。

步骤 09 最后将时间线移动至"素材 20.mp4"和"素材 21.mp4"中间的位置，添加转场"放射"，时长为 1.1s，如图 16-24 所示。

图 16-22

图 16-23

图 16-24

第 16 章 短视频综合实战

> **提示**
> 在转场效果添加并调整完成后，为了实现更流畅和美观的过渡效果，可以将转场衔接的前后视频片段分别与上方轨道中的文字素材一同选中，并使用"新建符合片段"的功能。这样操作不仅能够确保转场与视频内容和文字的同步性，还能增强整体的视觉连贯性。

单击"调节"按钮，选择"基础"调节，具体设置如图 16-26 所示。

例 148 视频调色

在所有动画效果和转场技巧添加完成后，进入视频制作的调色阶段，效果如图 16-25 所示。下面简单介绍制作方法。

扫描看视频

图 16-26

步骤 05 再选择"素材 10.mp4"，单击"调节"按钮，选择"基础"调节，具体设置如图 16-27 所示。

图 16-25

步骤 01 回到剪辑界面，将时间线移动至"素材 17.mp4"的位置，添加"鲜明"滤镜，"强度"为 40，将滤镜时长延长至"素材 18.mp4"结尾。

步骤 02 将时间线移动至"素材 19.mp4"开头位置，添加"普林斯顿"滤镜，"强度"为 100，时间延长至"素材 19.mp4"结尾。

步骤 03 滤镜添加完成后，对前面的素材根据画面内容进行调整。

步骤 04 选择"素材 18.mp4"和"素材 19.mp4"，

图 16-27

203

例 149 添加字幕

添加字幕不仅能够丰富画面内容，还能明确地向观众传达关键信息，从而提升城市宣传的效果。字幕的巧妙运用，可以让观众在享受视觉盛宴的同时，更加清晰地捕捉到影片想要强调的游玩亮点和文化特色，效果如图 16-28 所示。下面简单介绍制作方法。

图 16-28

步骤 01 回到剪辑界面，首先为"素材 8.mp4"~"素材 12.mp4"添加地名文字，例如"素材 8.mp4"，画面内容为长沙著名景点爱晚亭。在"素材 8.mp4"上方画中画轨道中添加文字素材"爱晚亭"，并配合视频动画效果，为文字素材添加入场动画"雪光模糊"，时长为 1.0s，添加出场动画"模糊"，时长为 0.5s，具体设置如图 16-29 所示。

图 16-29

步骤 02 根据画面内容添加旁白文字，例如，将时间线移动至"素材 13.mp4"开头的位置，在上方轨道中添加文字素材，具体设置如图 16-30 所示。

图 16-30

例 150　添加音乐

添加背景音乐音效是视频制作的关键，能提高视频质量。在宣传片、广告类短视频中，合适的背景音乐能主导节奏，渲染情绪和氛围，增强画面真实感。音效打破画框限制，增加画面信息量。由于在前面剪辑步骤中，已经将两段背景音乐放置在时间轴音频轨道中，本实例将根据第 4 章 4.1 节中的例 040"声音转场"所介绍的内容，向读者介绍如何添加背景音效，提升宣传片的整体感染力。下面简单介绍制作方法。

步骤01 回到剪辑界面。将时间线移动至"素材 13.mp4"的位置，根据画面内容，添加"路边大排档忙碌的声音"背景音效，时长结尾为"素材 12.mp4"结尾的位置。

步骤02 在"素材 14.mp4"的下方添加背景音效"油炸声"，时长为 1s。参照第 4 章"声音转场"中的 L-cut 和 J-cut 转场，将时间线移动至 00:00:29:23 的位置，添加背景音效"做菜烧油"，结束位置为 00:00:31:12，"淡出时长"为 0.2s。再将时间线移动至 00:00:31:06 的位置，添加背景音效"油滋滋的声音"，时长至"素材 15.mp4"结尾，"淡出时长"为 0.3s。

步骤03 最后将时间线移动至"素材 18.mp4"开头位置，添加背景音效"饭馆饭店里的嘈杂声"。具体设置如图 16-31 所示。

图 16-31